"十四五"时期国家重点出版物出版专项规划项目

"中国山水林田湖草生态产品监测评估及绿色核算"系列丛书

王　兵 ■ 主编

河北省秦皇岛市森林生态产品绿色核算与碳中和评估

鲁少波　陈　波　陈立标　李　惊
张洪泉　王　兵　张卫强　牛　香 ■ 等著

中国林业出版社
China Forestry Publishing House

图书在版编目(CIP)数据

河北省秦皇岛市森林生态产品绿色核算与碳中和评估/鲁少波等著. -- 北京：中国林业出版社，2022.6
("中国山水林田湖草生态产品监测评估及绿色核算"系列丛书)
ISBN 978-7-5219-1668-3

Ⅰ. ①河… Ⅱ. ①鲁… Ⅲ. ①森林资源－经济核算－研究－秦皇岛 Ⅳ. ①F307.26

中国版本图书馆CIP数据核字(2022)第079054号

策划、责任编辑： 于界芬　于晓文

出版发行	中国林业出版社有限公司（100009 北京西城区德内大街刘海胡同7号）
网　址	http://www.forestry.gov.cn/lycb.html
电　话	(010) 83143542
印　刷	河北京平诚乾印刷有限公司
版　次	2022年6月第1版
印　次	2022年6月第1次印刷
开　本	889mm×1194mm　1/16
印　张	14
字　数	320千字
定　价	128.00元

未经许可,不得以任何方式复制或抄袭本书之部分或全部内容。

版权所有　侵权必究

《河北省秦皇岛市森林生态产品绿色核算与碳中和评估》著者名单

项目完成单位：

河北省林业和草原调查规划设计院

中国林业科学研究院森林生态环境与自然保护研究所

秦皇岛市林业局

北京市农林科学院

河北环境工程学院

中国森林生态系统定位观测研究网络（CFERN）

国家林业和草原局"典型林业生态工程效益监测评估国家创新联盟"

项目首席科学家：

王　兵　中国林业科学研究院

项目组成员（按姓氏笔画排序）：

马鹤丹	王　生	王志杰	王恒滨	王　勇	王福星	王　慧
王　霞	牛　香	史军海	白庆红	回彦哲	刘庆博	刘　洋
刘　润	刘　娟	刘小丹	许庭毓	李永杰	李艳丽	李　倞
李慧杰	李克国	杨　丽	吴伯军	宋　瑜	宋庆丰	张一本
张立军	张　军	张丽荣	张晓峰	张彩乔	张博文	张博茹
陆　勇	陈立标	陈　波	苗利军	范　波	赵连清	赵忠宝
赵美微	胡文清	柏　祥	段玲玲	姜金路	姚天斌	耿世刚
顾铁光	殷建伟	曾广娟	梁　斌	董玲玲		

编写组成员：

鲁少波	陈　波	陈立标	李　倞	张洪泉	王　兵	张卫强
牛　香	李慧杰	郭　珂	董玲玲			

特别提示

1. 本研究依据森林生态系统连续观测与清查体系（简称：森林生态连清体系），对秦皇岛市全域森林，尤其是7个国有林场（海滨林场、渤海林场、团林林场、平市庄林场、山海关林场、祖山林场、都山林场）开展森林生态系统服务功能评估。

2. 评估所采用的数据源包括：①森林生态连清数据集：一是中国林业科学研究院与河北环境工程学院联合在秦皇岛全市有林地（特别是7个国有林场），依据国家标准《森林生态系统长期定位观测指标体系》（GB/T 35377—2017）和国家标准《森林生态系统长期定位观测方法》（GB/T 33027—2016）开展的森林生态连清数据集；二是来源于中国森林生态系统定位观测研究网络（CFERN）覆盖秦皇岛市所在生态区及其周边区域的8个森林生态站和12个辅助观测点的长期监测数据。②森林资源连清数据集：依据国家标准《森林资源规划设计调查技术规程》（GB/T 26424—2010）和国家标准《土地利用现状分类》（GB/T 21010—2007）由河北省林业和草原调查规划设计院提供的2018年秦皇岛市全域及其国有林场森林资源更新调查数据。③社会公共数据集：来源于《中国水利年鉴》《中华人民共和国水利部水利建筑工程预算定额》、农化招商网、中国化肥网、中国供应商网、《秦皇岛统计年鉴》、河北省应税污染物应税额度等。

3. 依据国家标准《森林生态系统服务功能评估规范》（GB/T 38582—2020），针对秦皇岛市全域和7个国有林场11个优势树种（组）生态系统服务功能的4项服务类别（供给服务、调节服务、支持服务、文化服务）开展评估，评估指标包括：保育土壤、林木养分固持、涵养水源、固碳释氧、净化大气环境、森林防护、生物多样性保护、林木产品供给、森林康养9项功能类别及其24项指标类别。

4. 沿海防护林具有重要的抗风、护岸、防风固沙、降低风速和维持生态平衡的作用，可以有效降低风害，本评估中在森林防护功能中主要针对沿海防护林的海岸防护功能指标类别进行评估。

5.优越的地理区位和良好的生态环境是秦皇岛得天独厚的旅游资源，秦皇岛是国家高级别度假区、全民休闲度假区，森林康养功能非常重要、极具特色。

森林生态系统服务功能评估这种大型综合性复杂性评估需要用多个精度参数组合，才能阐述评估结果的精度，本报告中的评估结果的精度主要分以下5个方面：①标准化精度：完全依据国家标准《森林生态系统服务功能评估规范》（GB/T 38582—2020）进行评估，所以标准化精度100%。②地理学精度：根据地统计学测算，7个国有林场评估区域地理精度100%。③森林资源调查精度：森林资源调查精度在90%～97%之间。④森林生态连清精度：由主要观测仪器设备精度决定，精度在95%～98%之间。⑤社会经济数据（价格参数）的精度：由国家/省级/市级统计部门的具体统计精度决定。

凡是不符合上述条件的其他研究结果均不宜与本研究结果简单类比。

前　言

　　目前，我国已进入决胜全面建成小康社会、进而全面建设社会主义现代化强国的新时代，加强生态保护和修复对于推进生态文明建设、保障国家生态安全具有重要意义。根据党中央统一部署，"实施重要生态系统保护和修复重大工程，优化生态安全屏障体系"被列为落实党的十九大报告重要改革举措和中央全面深化改革委员会2019年工作要点，"加强生态系统保护修复"写入2019年《政府工作报告》（自然资源部，2020）。为认真贯彻落实党的十八大和十八届二中、三中、四中、五中全会精神，以邓小平理论、"三个代表"重要思想、科学发展观为指导，深入贯彻习近平总书记系列重要讲话精神，按照党中央、国务院关于加快推进生态文明建设的决策部署，全面加强自然资源统计调查和监测基础工作，坚持边改革实践边总结经验，逐步建立健全自然资源资产负债表编制制度（孙安然，2020）。2015年11月，国务院办公厅印发了《编制自然资源资产负债表试点方案》，要求通过探索编制自然资源资产负债表，推动建立健全科学规范的自然资源统计调查制度，努力摸清自然资源资产的家底及其变动情况，为推进生态文明建设、有效保护和永续利用自然资源提供信息基础、监测预警和决策支持。按照本方案要求，试编出自然资源资产负债表，对完善自然资源统计调查制度提出建议，为制定自然资源资产负债表编制方案提供经验。2017年，中共中央印发《关于建立国务院向全国人大常委会报告国有资产管理情况制度的意见》。按照意见要求，为推进国有自然资源资产管理监督标准化、规范化、科学化建设，河北省人大常委会和秦皇岛市人大常委会都相继制定出台了政府向人大常委会报告国有资产管理情况办法，启动了国有资产报告审议和监督工作。为了落实中央意见和五年规划要求，河北省人大常委会在秦皇岛市先期组织开展国有森林自然资源资产价值量核算试点，其目的是建立和完善国有森林资源统计核算和管理监督制度体系，为其他自然资源价值量核算和有效管理监督探索方法、积累经验。森林生态系统产生的巨大服务价值是森林资源价值核算的重要部分，更是编制自然资源资产负债表不可或缺的内容。

森林生态系统是陆地生态系统的重要组成部分，发挥着重要的生态功能。习近平总书记"绿水青山就是金山银山"的"两山论"绿色发展理念已经深入人心，其生态文明思想为推进美丽中国建设、实现人与自然和谐共生的现代化提供了方向指引和根本遵循。《林业发展"十三五"规划》中明确指出推进林业现代化建设，以维护森林生态安全为主攻方向，以增绿增质增效为基本要求。秦皇岛有其优越的地理条件，其国有林在保护、改善与持续利用自然资源与环境方面具有不可替代的作用，是推动秦皇岛生态文明和乡村振兴战略的重要推手，对国土生态安全、生物多样性保护和经济社会可持续发展具有重要作用。但至今缺少对秦皇岛市国有林场森林生态系统服务价值的系统评估，秦皇岛国有林场森林生态系统到底取得了哪些生态效益，未来还能够发挥多大的生态效益，下一步如何巩固和增强秦皇岛国有林场的生态效益，民众非常关心，政府非常关注。核算秦皇岛市国有林场森林生态系统产生的生态价值，用详实的数据量化秦皇岛市国有林场森林生态系统的生态效益，这既满足了新时期生态文明建设需要，又对促进秦皇岛市国有林场森林质量提升、功能增强具有重大意义。

党的十八大报告提出"增强生态产品生产能力"，将生态产品生产能力看作是提高生产力的重要组成部分。党的十八大报告中，生态文明建设被提到前所未有的战略高度，生态文明建设在理念上的重大变革就是不仅仅要运用行政手段，而是要综合运用经济、法律和行政等多种手段协调解决社会经济发展与生态环境之间的矛盾。增强生态产品生产能力被作为生态文明建设的重要任务，体现了"改善生态环境就是发展生产力"的理念，突出强调生态环境是一种具有生产和消费关系的产品，是使用经济手段解决环境外部不经济性、运用市场机制高效配置生态环境资源的具体体现（张林波等，2020）。

生态产品价值实现的过程，就是将生态产品所蕴含的内在价值转化为经济效益、社会效益和生态效益的过程。2010年12月，国务院印发的《全国主体功能区规划》提出："生态产品是维系生态安全、保障生态调节功能、提供良好人居环境的自然要素"，并将"提供生态产品"作为开发理念之一，这是国家层面首次提出"生态产品"概念并进行定义。党的十九大报告明确提出："既要创造更多物质财富和精神财富以满足人民日益增长的美好生活需要，也要提供更多优质生态产品以满足人民日益增长的优美生态环境需要"。2018年4月，习近平总书记在深入推动长江经济带发展座谈会上强调指出："要积极探索推广绿水青山转化为金山银山的路径，选择具备条件的地区开展生态产品价值实现机制试点，探索政府主导、企业和社会各界参与、市场化运作、可持续的生态产品价值实现路径"。因此，建立健全生态产品价值实现机制，既是贯彻落实习近平生态文明思想、践行"绿水青山就是金山银山"理念的重要举措，也是坚持生态优先、推动绿色发展、建设生态文明的必然要求（郝志超等，2020）。生态产品价值实现的过程，是经济社会发展格局、城镇空间布局、产业结构调整和资源环境承载能力相适应的过程，有利于实现生产空间、生活空间和生态空间的合理布局。推动生态产品实现机制，形成生态产品价值实现示范效应，积极引导各地根据本地区实际情况开展生态产品价值实现工作，将生态优势转化为经济优势，激发"生态优先、绿色发展"的内在动力，为"好山好水"寻求更多价值实现的途径。

生态产品及其价值实现理念随着我国生态文明建设的深入逐渐深化和升华。生态产品最初的提出只是作为国土空间优化的一种主体功能，其目的是为了合理控制和优化国土空间格局（张林波等，2019）。为了客观、动态、科学地评估秦皇岛市全域和国有林场森林生态系统服务功能，准确量化秦皇岛市全域和国有林场森林生态系统服务功能的物质量和价值量，提高林业在秦皇岛市国民经济和社会发展中的地位。由中国林业科学研究院与河北环境工程学院联合在秦皇岛全市有林地（特别是7个国有林场），依据国家标准《森林生态系统长期定位观测指标体系》（GB/T 35377—2017）和《森林生态系统长期定位观测方法》（GB/T 33027—2016）开展的森林生态连清数据集；同时，还利用来源于中国森林生态系统定位观测研究网络（CFERN）覆盖秦皇岛市所在生态区及其周边区域的8个森林生态站和12个辅助观测点的长期监测数据；结合国有林场森林资源的实际情况，运用森林生态系统连续观测与连续清查体系，以2018年秦皇岛市全域及其国有林场2018年森林资源更新调查数据为基础，以国家标准《森林生态系统服务功能评估规范》（GB/T 38582—2020）为依据，采用分布式测算方法，选取保育土壤、林木养分固持、涵养水源、固碳释氧、净化大气环境、森林防护、生物多样性保护、林木产品供给和森林康养

9项功能24项指标对秦皇岛市全域和国有林场森林生态系统服务功能物质量和价值量进行测算评估。

评估结果显示秦皇岛全域森林生态系统服务功能总价值量为412.76亿元/年，其中保育土壤价值量为28.59亿元/年，林木养分固持价值量为9.90亿元/年，涵养水源价值量为166.12亿元/年，固碳释氧价值量为54.32亿元/年，净化大气环境价值量为31.20亿元/年，森林防护林价值量为30.36亿元/年，生物多样性保护价值量为50.20亿元/年，林木产品供给价值量为33.74亿元/年，森林康养价值量为8.32亿元/年。

秦皇岛市国有林场森林生态系统服务功能总价值量为36.70亿元/年，其中保育土壤价值量为1.79亿元/年，林木养分固持价值量为0.66亿元/年，涵养水源价值量为10.46亿元/年，固碳释氧价值量为3.35亿元/年，净化大气环境价值量为1.78亿元/年，森林防护价值量为8.43亿元/年，生物多样性保护价值量为2.72亿元/年，林木产品供给价值量为0.07亿元/年，森林康养价值量为7.44亿元/年。

山水林田湖草是生态产品的生产者，生态产品是山水林田湖草的结晶产物，体现了我国生态环境保护理念由要素分割向系统思想转变的重大变革（郝志超等，2020）。评估结果以直观的货币形式展示了秦皇岛市全域和国有林场森林资源为人们提供的服务价值，帮助人们核算清楚秦皇岛市及其国有林场森林生态系统价值多少"金山银山"这笔账，充分反映秦皇岛市及其国有林场森林生态系统生态建设成果，对确定秦皇岛市森林资源在生态环境建设中的主体地位和作用具有非常重要的意义，为推动生态效益科学量化补偿和自然资源优化配置提供科学依据，进而推进秦皇岛市森林资源向生态、经济、社会三大效益统一的科学发展道路转变，为实现习近平总书记提出的林业工作"三增长"目标提供技术支撑，并对构建生态文明制度、全面建成小康社会、实现中华民族伟大复兴的中国梦不断创造更好的生态条件。

著 者

2022年1月

目 录

前言

第一章 秦皇岛市国有林场森林生态系统连续观测与清查体系
- 第一节 野外观测连清体系 ………………………………………………………… 2
- 第二节 分布式测算评估体系 ……………………………………………………… 4

第二章 秦皇岛市及其国有林场森林资源概况
- 第一节 秦皇岛市地理概况 ………………………………………………………… 27
- 第二节 秦皇岛市森林资源空间格局分析 ………………………………………… 30
- 第三节 秦皇岛市国有林场森林资源空间格局分析 ……………………………… 35

第三章 秦皇岛市全域森林生态系统服务功能
- 第一节 全域森林生态系统服务功能物质量 ……………………………………… 45
- 第二节 全域森林生态系统服务功能价值量 ……………………………………… 63

第四章 秦皇岛市国有林场森林生态系统服务功能
- 第一节 国有林场森林生态系统服务功能物质量 ………………………………… 72
- 第二节 国有林场森林生态系统服务功能价值量 ………………………………… 98

第五章 秦皇岛市国有林场森林全口径碳中和
- 第一节 全口径碳中和理论基础 …………………………………………………… 117
- 第二节 全口径碳汇评估方法 ……………………………………………………… 120
- 第三节 国有林场森林全口径碳中和评估 ………………………………………… 125
- 第四节 碳中和价值实现路径典型案例 …………………………………………… 126

第六章 秦皇岛市森林生态产品价值实现
- 第一节 秦皇岛市国有林场森林资源资产负债表编制 …………………………… 130
- 第二节 秦皇岛市森林生态效益精准量化补偿额度研究 ………………………… 170
- 第三节 秦皇岛市国有林场森林生态系统服务特征及科学对策 ………………… 173

第四节　秦皇岛市国有林场森林生态产品价值实现途径设计……………………186

参考文献……………………………………………………………………………191

附　表

表1　环境保护税税目税额……………………………………………………………202
表2　应税污染物和当量值……………………………………………………………203
表3　IPCC推荐使用的生物量转换因子（BEF）……………………………………207
表4　不同树种组单木生物量模型及参数……………………………………………207
表5　秦皇岛市国有林场森林生态系统服务评估社会公共数据……………………208

第一章

秦皇岛市国有林场森林生态系统连续观测与清查体系

森林生态系统服务连续观测与清查体系（简称森林生态连清体系），它是以生态地理区划为单位，以国家现有森林生态站为依托，采用长期定位观测技术和分布式测算方法，定期对同一森林生态系统进行全指标体系观测与清查的技术（王兵，2015）。它可以配合国家森林资源连续清查，形成国家森林资源清查综合调查新体系。用以评价一定时期内森林生态系统的质量状况，进一步了解森林生态系统的动态变化。同时，森林生态连清技术依托CFERN实现了森林生态功能的全面监测。与全国森林资源连清体系相耦合，评估我国森林生态系统服务功能，为帮助树立正确的生态环保理念提供有说服力的数据支持，为健全资源有偿使用和生态补偿制度提供科学依据，为完善资源消耗、环境损害、生态效益的生态文明绩效评价考核和责任追究制度，实现精准追责和激励机制提供数据基础，为推进生态文明建设和绿色低碳发展提供数据支撑。

秦皇岛市国有林场森林生态系统服务功能评估采用秦皇岛市国有林场森林生态连清体系（图1-1）。秦皇岛市国有林场森林生态连清体系依托国家现有森林生态系统国家定位观测研究站（简称森林生态站）和该区域其他辅助监测点（长期固定实验点以及辅助监测样地），采用长期定位观测和分布式测算方法，对秦皇岛市国有林场森林生态系统服务进行全指标体系观测与清查，并与秦皇岛市国有林场2018年森林资源更新调查数据相耦合，评估秦皇岛市国有林场森林生态系统服务功能，进一步了解其森林生态系统服务功能的动态变化。

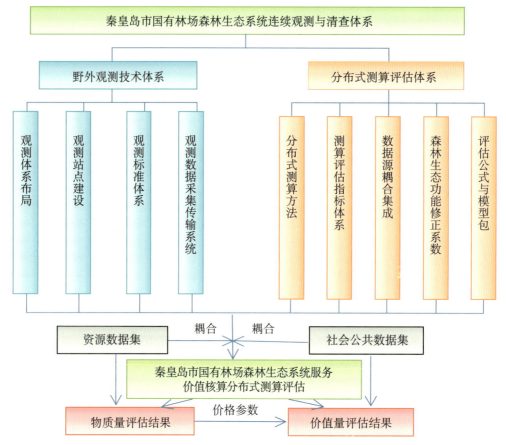

图 1-1 秦皇岛市国有林场森林生态连清体系框架

第一节 野外观测连清体系

一、秦皇岛市国有林场森林生态系统服务监测站布局与建设

野外观测技术体系是构建秦皇岛市国有林场森林生态连清体系的重要基础，为了做好这一基础工作，需要考虑如何构建观测体系布局。国家森林生态站与秦皇岛市国有林场所处统一生态监测区域内各类林业监测点作为秦皇岛市国有林场森林生态系统服务监测的两大平台，在建设时坚持统一规划、统一布局、统一建设、统一规范、统一标准、资源整合、数据共享原则。

森林生态站网络布局是以典型抽样为指导思想，以全国水热分布和森林立地情况为布局基础，选择具有典型性、代表性和层次性明显的区域完成森林生态网络布局。首先，依据《中国森林立地区划图》和《中国地理区域系统》两大区划体系完成中国森林生态区，并将其作为森林生态站网络布局区划的基础。同时，结合重点生态功能区、生物多样性优先保护区，量化并确定我国重点森林生态站的布局区域。最后，将中国森林生态区和重点森林生态站布局区域相结合，作为森林生态站的布局依据，确保每个森林生态区内至少有一个森林生态站，区内如有重点生态功能区，则优先布设森林生态站。

由于自然条件、社会经济发展状况等不尽相同，因此在监测方法和监测指标上应各有侧重。目前，依据秦皇岛市 9 个行政区的自然、经济、社会的实际情况，将秦皇岛市分为 3 个大区，即北部山地丘陵区北平原区（青龙满族自治县）、西部丘陵平原区（卢龙县、昌黎县）和东南沿海平原区 [北戴河新区、秦皇岛经济技术开发区（简称秦皇岛开发区）、抚宁区、山海关区、海港区、北戴河区]，对秦皇岛市森林生态系统服务监测体系建设进行了详细科学的规划布局。为了保证监测精度和获取足够的监测数据，需要对其中每个区域进行长期定位监测。依据秦皇岛市下辖 7 个国有林场（都山林场、祖山林场、平市庄林场、山海关林场、海滨林场、渤海林场、团林林场），秦皇岛市国有林场森林生态系统服务监测站的建设首先要考虑其在区域上的代表性，选择能代表该区域主要优势树种（组），且能表征土壤、水文及生境等特征，交通、水电等条件相对便利的典型植被区域。为此，项目组和秦皇岛市林业局相关部门进行了大量的前期工作，包括科学规划、站点设置、野外实验数据采集、室内实验分析、合理性评估等。

森林生态站作为秦皇岛市国有林场森林生态系统服务监测站，在秦皇岛市国有林场森林生态系统服务评估中发挥着极其重要的作用。这些森林生态站分布在河北省境内：小五台森林生态站（张家口市）、塞罕坝森林生态站（承德市）、雄安新区森林生态站（雄安新区）；北京市境内：燕山森林生态站和首都圈森林生态站；山东省境内：黄河三角洲森林生态站（东营市）；辽宁省境内：白石砬子森林生态站（丹东市）、辽东半岛森林生态站（本溪市）。此外，在秦皇岛市国有林场境内以及周边地区还有一系列的辅助站点和实验样地。

目前，秦皇岛市国有林场及周围的森林生态站和辅助点在布局上能够充分体现区位优势和地域特色，兼顾了森林生态站布局在国家和地方等层面的典型性和重要性，已形成层次清晰、代表性强的生态站网，可以负责相关站点所属区域的森林生态连清工作，同时对秦皇岛市国有林场森林生态长期监测也起到了重要的服务作用。

借助以上森林生态站以及辅助监测点，可以满足秦皇岛市国有林场森林生态系统服务监测和科学研究需求。随着政府对生态环境建设形势认识的不断发展，必将建立起秦皇岛市国有林场森林生态系统服务监测的完备体系，为科学全面地评估秦皇岛市国有林场乃至京津冀林业建设成效奠定坚实的基础。同时，通过各森林生态系统服务监测站点长期、稳定地发挥作用，必将为健全和完善国家生态监测网络，特别是构建完备的林业及其生态建设监测评估体系作出重大贡献。

二、秦皇岛市国有林场森林生态连清监测评估标准体系

秦皇岛市国有林场森林生态连清监测评估所依据的标准体系包括从森林生态系统服务监测站点建设到观测指标、观测方法、数据管理乃至数据应用各个阶段的标准（图 1-2）。

秦皇岛市国有林场森林生态系统服务监测站点建设、观测指标、观测方法、数据管理及数据应用的标准化保证了不同站点所提供秦皇岛市国有林场森林生态连清数据的准确性和可比性，为秦皇岛市国有林场森林生态系统服务评估的顺利进行提供了保障。

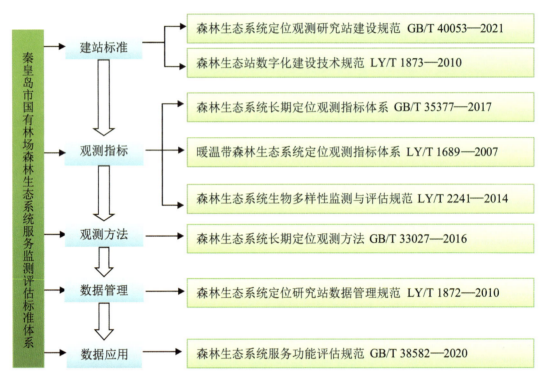

图 1-2　秦皇岛市国有林场森林生态连清监测评估标准体系

第二节　分布式测算评估体系

一、分布式测算方法

分布式测算源于计算机科学，是研究如何把一项整体复杂的问题分割成相对独立运算的单元，并将这些单元分配给多个计算机进行处理，最后将计算结果综合起来，统一合并得出结论的一种科学计算方法（Hagit Attiya，2008）。

分布式测算已经被用于世界各地成千上万位志愿者计算机的闲置计算能力，来解决复杂的数学问题，如 GIMPS 搜索梅森素数的分布式网络计算和研究寻找最为安全的密码系统如 RC4 等，这些项目都很庞大，需要惊人的计算量。而分布式测算就是研究如何把一个需要非常巨大计算能力才能解决的问题分成许多小的部分，然后把这些部分分配给许多计算机进行处理，最后把这些计算结果综合起来得到最终的结果。随着科学的发展，分布式计算已成为一种廉价的、高效的、维护方便的计算方法。

森林生态系统服务功能的测算是一项非常庞大、复杂的系统工程，适合划分成多个均质化的生态测算单元开展评估（Niu et al., 2013）。因此，分布式测算方法是目前评估森林生态系统服务所采用的一种较为科学有效的方法，通过诸多森林生态系统服务功能评估案例也证实了分布式测算方法能够保证结果的准确性及可靠性（牛香等，2012）。

基于分布式测算方法评估秦皇岛市国有林场森林生态系统服务功能的具体思路：首先将秦皇岛市国有林场按照林场划分为都山林场、祖山林场、平市庄林场、山海关林场、海滨林场、渤海林场和团林林场7个一级测算单元；每个一级测算单元又按主要优势树种（组）划分为油松、柞树、白桦、刺槐、针阔混、杨树组、灌木林等11个二级测算单元；每个二级测算单元按照起源划分为天然林和人工林2个三级测算单位；每个三级测算单元又按照龄组划分为幼龄林、中龄林、近熟林、成熟林、过熟林5个四级测算单元，再结合不同立地条件的对比观测，最终确定了102个相对均质化的生态服务功能评估单元（图1-3）。

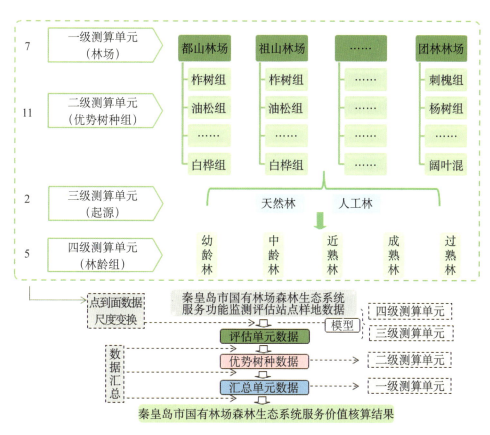

图1-3 秦皇岛市国有林场森林生态系统服务价值核算分布式测算方法

基于生态系统尺度的生态服务功能定位实测数据，运用遥感反演、过程机理模型等先进技术手段，将点上实测数据转换至面上测算数据，即可得到各生态服务功能评估单元的测算数据。①利用改造的过程机理模型IBIS（集成生物圈模型）输入森林生态站各样点的植物功能型类型、优势树种（组）、植被类型、土壤质地、土壤养分含量、凋落物储量以及降雨、地表径流等参数，依据《中国植被图》或遥感信息，推算各生态服务功能评估单元的涵养水源、保育土壤和固碳释氧等生态功能数据。②结合森林生态站长期定位观测的监测数据和秦皇岛市国有林场年森林资源档案数据（蓄积量、树种组成、龄组等），通过筛选获得基于遥感数据反演的统计模型，推算各生态服务功能评估单元的林木养分固持生态功能数据和净化大气环境生态功能数据。将各生态服务功能评估单元的测算数据逐级累加，即可得到秦皇岛市国有林场森林生态系统服务功能的最终评估结果。

二、监测评估指标体系

森林生态系统是陆地生态系统的主体，其生态服务功能体现于生态系统和生态过程所形成的有利于人类生存与发展的生态环境条件与效用。如何真实地反映森林生态系统服务的效果，观测评估指标体系的建立非常重要。

在满足代表性、全面性、简明性、可操作性以及适应性等原则的基础上，通过总结近年的工作及研究经验，本次评估选取的测算评估指标体系主要包括保育土壤、林木养分固持、涵养水源、固碳释氧、净化大气环境、森林防护、生物多样性保护、林木产品供给和森林康养等 9 项功能 24 项指标（图 1-4）。

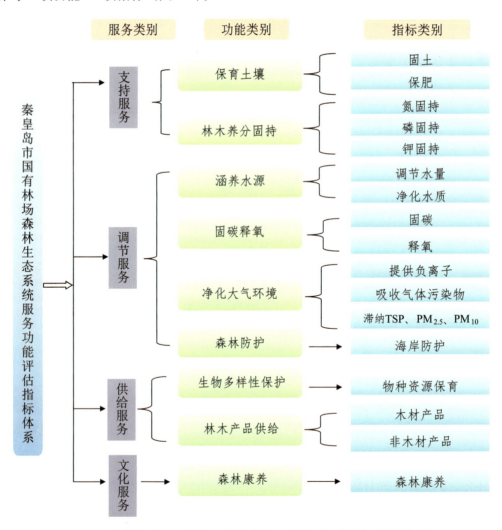

图 1-4　秦皇岛市国有林场森林生态系统服务功能评估指标体系

三、数据来源与集成

秦皇岛市国有林场森林生态连清评估分为物质量和价值量两部分。物质量评估所需数据来源于秦皇岛市国有林场森林生态连清数据集和秦皇岛市国有林场2018年森林资源更新调查数据集；价值量评估所需数据除以上两个来源外还包括社会公共数据集（图1-5）。

图1-5　数据来源与集成

主要的数据来源包括以下三部分：

1. 秦皇岛市国有林场森林生态连清数据集

秦皇岛市国有林场森林生态连清数据来源包括两个：一是中国林业科学研究院与河北环境工程学院联合在秦皇岛全市有林地（特别是7个国有林场），依据国家标准《森林生态系统长期定位观测指标体系》（GB/T 35377—2017）和《森林生态系统长期定位观测方法》（GB/T 33027—2016）开展的森林生态连清数据集；二是来源于中国森林生态系统定位观测研究网络（CFERN）覆盖秦皇岛市所在生态区及其周边区域的8个森林生态站和12个辅助观测点的长期监测数据。

2. 秦皇岛市国有林场森林资源连清数据集

依据国家标准《森林资源规划设计调查技术规程》（GB/T 26424—2010）和《土地利用现状分类》（GB/T 21010—2007）由河北省林业和草原调查规划设计院提供的2018年全市森林资源更新调查数据和秦皇岛市国有林场2018年森林资源更新调查数据。

3. 社会公共数据集

社会公共数据来源于我国权威机构所公布的社会公共数据（附表5），包括《中国水利年鉴》、《中华人民共和国水利部水利建筑工程预算定额》、中国农业信息网（http://www.agri.

gov.cn/)、中华人民共和国环境保护税法中《环境保护税税目税额表》、秦皇岛市国有林场所在地区物价局网站（http://fgw.qhd.gov.cn/）等。

四、森林生态功能修正系数

在野外数据观测中，研究人员仅能够得到观测站点附近的实测生态数据，对于无法实地观测到的数据，则需要一种方法对已经获得的参数进行修正，因此引入了森林生态系统服务修正系数（Forest Ecosystem Services Correction Coefficient，简称FES-CC）。FES-CC指评估林分生物量和实测林分生物量的比值，它反映森林生态服务评估区域森林的生态质量状况，还可以通过森林生态功能的变化修正森林生态服务的变化。

森林生态系统服务价值的合理测算对绿色国民经济核算具有重要意义，社会进步程度、经济发展水平、森林资源质量等对森林生态系统服务均会产生一定影响，而森林自身结构和功能状况则是体现森林生态系统服务可持续发展的基本前提。"修正"作为一种状态，表明系统各要素之间具有相对"融洽"的关系。当用现有的野外实测值不能代表同一生态单元同一目标优势树种（组）的结构或功能时，就需要采用森林生态系统服务修正系数客观地从生态学精度的角度反映同一优势树种（组）在同一区域的真实差异。其理论公式如下：

$$\text{FES-CC} = \frac{B_e}{B_o} = \frac{\text{BEF} \cdot V}{B_o} \tag{1-1}$$

式中：FES-CC——森林生态系统服务修正系数；

B_e——评估林分的单位面积生物量（千克/立方米）；

B_o——实测林分的单位面积生物量（千克/立方米）；

BEF——蓄积量与生物量的转换因子；

V——评估林分蓄积量（立方米）。

实测林分的生物量可以通过森林生态连清的实测手段来获取，通过评估林分蓄积量和生物量转换因子（BEF）（附表3和附表4），测算评估林分的生物量。

五、贴现率

秦皇岛市国有林场森林生态系统服务价值量评估中，由物质量转价值量时，部分价格参数并非评估年价格参数。因此，需要使用贴现率将非评估年份价格参数换算为评估年份价格参数以计算各项功能价值量的现价。

秦皇岛市国有林场森林生态服务功能价值量评估中所使用的贴现率指将未来现金收益折合成现在收益的比率，贴现率是一种存贷均衡利率，利率的大小，主要根据金融市场利率来决定，其计算公式如下：

$$t = (D_r + L_r)/2 \tag{1-2}$$

式中：t——存贷款均衡利率（%）；

D_r——银行的平均存款利率（%）；

L_r——银行的平均贷款利率（%）。

贴现率利用存贷款均衡利率，将非评估年份价格参数，逐年贴现至评估年的价格参数。贴现率的计算公式如下：

$$d = (1+t_n)(1+t_{n+1})\cdots(1+t_m) \tag{1-3}$$

式中：d——贴现率；

t——存贷款均衡利率（%）；

n——价格参数可获得年份（年）；

m——评估年份（年）。

六、评估公式与模型包

（一）保育土壤功能

森林凭借庞大的树冠、深厚的枯枝落叶层及强壮且成网络的根系截留大气降水，减少或免遭雨滴对土壤表层的直接冲击，有效地固持土体，降低了地表径流对土壤的冲蚀，使土壤流失量大大降低。而且森林的生长发育及其代谢产物不断对土壤产生物理及化学影响，参与土体内部的能量转换与物质循环，使土壤肥力提高，森林凋落物是土壤养分的主要来源之一（图1-6）。为此，本研究选用2个指标，即固土指标和保肥指标，以反映森林保育土壤功能。

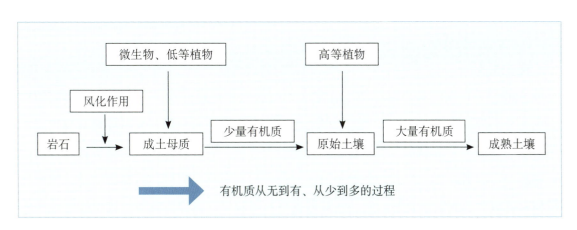

图1-6 植被对土壤形成的作用

1. 固土指标

因为森林的固土功能是从地表土壤侵蚀程度表现出来的，所以可通过无林地土壤侵蚀程度和有林地土壤侵蚀程度之差来估算森林的固土量。该评估方法是目前国内外多数人使用并认可的。例如，日本在1972年、1978年和1991年评估森林防止土壤泥沙侵蚀效能时，都采用了有林地与无林地之间侵蚀对比方法来计算。

（1）年固土量。林分年固土量公式如下：

$$G_{固土}=A \cdot (X_2-X_1) \cdot F \tag{1-4}$$

式中：$G_{固土}$——评估林分年固土量（吨/年）；

　　　X_1——实测林分有林地土壤侵蚀模数[吨/（公顷·年）]；

　　　X_2——无林地土壤侵蚀模数[吨/（公顷·年）]；

　　　A——林分面积（公顷）；

　　　F——森林生态系统服务修正系数。

（2）年固土价值。由于土壤侵蚀流失的泥沙淤积于水库中，减少了水库蓄积水的体积，因此本研究根据蓄水成本（替代工程法）计算林分年固土价值，公式如下：

$$U_{固土}=A \cdot C_{土} \cdot (X_2-X_1) \cdot F \cdot d/\rho \tag{1-5}$$

式中：$U_{固土}$——评估实测林分年固土价值（元/年）；

　　　X_1——实测林分有林地土壤侵蚀模数[吨/（公顷·年）]；

　　　X_2——无林地土壤侵蚀模数[吨/（公顷·年）]；

　　　$C_{土}$——挖取和运输单位体积土方所需费用（元/立方米，附表5）；

　　　ρ——土壤容重（克/立方厘米）；

　　　A——林分面积（公顷）；

　　　F——森林生态系统服务修正系数；

　　　d——贴现率。

2. 保肥指标

林木的根系可以改善土壤结构、孔隙度和通透性等物理性状，有助于土壤形成团粒结构。在养分循环过程中，枯枝落叶层不仅减小了降水的冲刷和径流，而且还是森林生态系统归还的主要途径，可以增加土壤有机质、营养物质（氮、磷、钾等）和土壤碳库的积累，提高土壤肥力，起到保肥的作用。土壤侵蚀带走大量的土壤营养物质，根据氮、磷、钾等养分含量和森林减少的土壤损失量，可以估算出森林每年减少的养分流失量。因土壤侵蚀造成了氮、磷、钾大量流失，使土壤肥力下降，通过计算年固土量中氮、磷、钾的数量，再换算为化肥价格即为森林年保肥价值。

（1）年保肥量。林分年保肥量计算公式如下：

$$G_N=A \cdot N \cdot (X_2-X_1) \cdot F \tag{1-6}$$

$$G_P=A \cdot P \cdot (X_2-X_1) \cdot F \tag{1-7}$$

$$G_K = A \cdot K \cdot (X_2 - X_1) \cdot F \quad (1\text{-}8)$$

$$G_{有机质} = A \cdot M \cdot (X_2 - X_1) \cdot F \quad (1\text{-}9)$$

式中：G_N——评估林分固持土壤而减少的氮流失量（吨/年）；

G_P——评估林分固持土壤而减少的磷流失量（吨/年）；

G_K——评估林分固持土壤而减少的钾流失量（吨/年）；

$G_{有机质}$——评估林分固持土壤而减少的有机质流失量（吨/年）；

X_1——实测林分有林地土壤侵蚀模数[吨/（公顷·年）]；

X_2——无林地土壤侵蚀模数[吨/（公顷·年）]；

N——实测林分中土壤含氮量（%）；

P——实测林分中土壤含磷量（%）；

K——实测林分中土壤含钾量（%）；

M——实测林分中土壤有机质含量（%）；

A——林分面积（公顷）；

F——森林生态系统服务修正系数。

（2）年保肥价值。年固土量中氮、磷、钾的数量换算成化肥即为林分年保肥价值。本研究的林分年保肥价值以固土量中的氮、磷、钾数量折合成磷酸二铵化肥和氯化钾化肥的价值来体现。公式如下：

$$U_{肥} = A \cdot (X_2 - X_1) \cdot \left(\frac{N \cdot C_1}{R_1} + \frac{P \cdot C_1}{R_2} + \frac{K \cdot C_2}{R_3} + M \cdot C_3 \right) \cdot F \cdot d \quad (1\text{-}10)$$

式中：$U_{肥}$——评估林分年保肥价值（元/年）；

X_1——实测林分有林地土壤侵蚀模数[吨/（公顷·年）]；

X_2——无林地土壤侵蚀模数[吨/（公顷·年）]；

N——实测林分中土壤含氮量（%）；

P——实测林分中土壤含磷量（%）；

K——实测林分中土壤含钾量（%）；

M——实测林分中土壤有机质含量（%）；

R_1——磷酸二铵化肥含氮量（%，附表5）；

R_2——磷酸二铵化肥含磷量（%，附表5）；

R_3——氯化钾化肥含钾量（%，附表5）；

C_1——磷酸二铵化肥价格（元/吨，附表5）；

C_2——氯化钾化肥价格（元/吨，附表5）；

C_3——有机质价格（元/吨，附表5）；

A——林分面积（公顷）；

F——森林生态系统服务修正系数；

d——贴现率。

（二）林木养分固持功能

森林植被不断从周围环境吸收营养物质固定在植物体中，成为全球生物化学循环不可缺少的环节。本研究选用林木固持氮、磷、钾指标来反映林木养分固持功能。

1. 林木年养分固持量

林木年固持氮、磷、钾量公式如下：

$$G_{氮}=A \cdot N_{营养} \cdot B_{年} \cdot F \tag{1-11}$$

$$G_{磷}=A \cdot P_{营养} \cdot B_{年} \cdot F \tag{1-12}$$

$$G_{钾}=A \cdot K_{营养} \cdot B_{年} \cdot F \tag{1-13}$$

式中：$G_{氮}$——评估林分年氮固持量（吨/年）；

$G_{磷}$——评估林分年磷固持量（吨/年）；

$G_{钾}$——评估林分年钾固持量（吨/年）；

$N_{营养}$——实测林木氮元素含量（%）；

$P_{营养}$——实测林木磷元素含量（%）；

$K_{营养}$——实测林木钾元素含量（%）；

$B_{年}$——实测林分年净生产力[吨/（公顷·年）]；

A——林分面积（公顷）；

F——森林生态系统服务修正系数。

2. 林木年养分固持价值

采取把营养物质折合成磷酸二铵化肥和氯化钾化肥方法计算林木营养积累价值，计算公式如下：

$$U_{营养}=A \cdot B \cdot \left(\frac{N_{营养} \cdot C_1}{R_1} + \frac{P_{营养} \cdot C_1}{R_2} + \frac{K_{营养} \cdot C_2}{R_3} \right) \cdot F \cdot d \tag{1-14}$$

式中：$U_{营养}$——评估林分氮、磷、钾增加价值（元/年）；

$N_{营养}$——实测林木氮元素含量（%）；

$P_{营养}$——实测林木磷元素含量（%）；

$K_{营养}$——实测林木钾元素含量（%）；

R_1——磷酸二铵含氮量（%，附表5）；

R_2——磷酸二铵含磷量（%，附表5）；

R_3——氯化钾含钾量（%，附表5）；

C_1——磷酸二铵化肥价格（元/吨，附表5）；

C_2——氯化钾化肥价格（元/吨，附表5）；

B——实测林分年净生产力[吨/（公顷·年），附表5]；

A——林分面积（公顷）；

F——森林生态系统服务修正系数；

d——贴现率。

（三）涵养水源功能

森林涵养水源功能主要是指森林对降水的截留、吸收和贮存，将地表水转为地表径流或地下水的作用（图1-7）。本研究选定调节水量指标和净化水质2个指标，以反映森林的涵养水源功能。

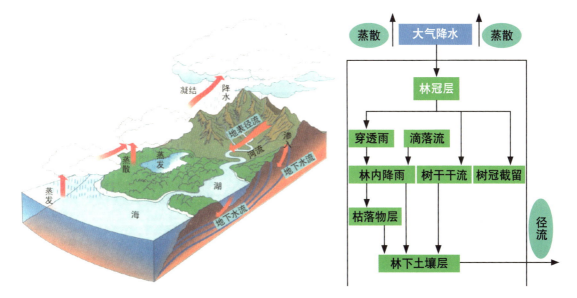

图1-7　全球水循环及森林对降水的再分配示意

1. 调节水量指标

（1）年调节水量。森林生态系统年调节水量公式如下：

$$G_{调}=10A \cdot (P-E-C) \cdot F \qquad (1-15)$$

式中：$G_{调}$——评估林分年调节水量（立方米/年）；

P——实测林外降水量（毫米/年）；

E——实测林分蒸散量（毫米/年）；

C——实测林分地表快速径流量（毫米/年）；

A——林分面积（公顷）；

F——森林生态功能修正系数。

（2）年调节水量价值。由于森林对水量主要起调节作用，与水库的功能相似。因此，本研究中森林生态系统调节水量价值依据水库工程的蓄水成本（替代工程法）来确定，采用如下公式计算：

$$U_{调}=10C_{库} \cdot A \cdot (P-E-C) \cdot F \cdot d \qquad (1\text{-}16)$$

式中：$U_{调}$——评估林分年调节水量价值（元/年）；

　　　$C_{库}$——水资源市场交易价格（元/立方米，附表5）；

　　　P——实测林外降水量（毫米/年）；

　　　E——实测林分蒸散量（毫米/年）；

　　　C——实测林分地表快速径流量（毫米/年）；

　　　A——林分面积（公顷）；

　　　F——森林生态系统服务修正系数；

　　　d——贴现率。

2. 净化水质指标

（1）年净化水量。净化水质包括净化水量和净化水质价值两个方面。本研究采用年调节水量的公式如下：

$$G_{净}=10A \cdot (P-E-C) \cdot F \qquad (1\text{-}17)$$

式中：$G_{净}$——评估林分年净化水量（立方米/年）；

　　　P——实测林外降水量（毫米/年）；

　　　E——实测林分蒸散量（毫米/年）；

　　　C——实测林分地表快速径流量（毫米/年）；

　　　A——林分面积（公顷）；

　　　F——森林生态系统服务修正系数。

（2）净化水质价值。采用如下公式计算：

$$U_{水质}=10K_{水} \cdot A \cdot (P-E-C) \cdot F \cdot d \qquad (1\text{-}18)$$

式中：$U_{水质}$——评估林分净化水质价值（元/年）；

　　　$K_{水}$——水污染物应纳税额（元/吨，附表1）；

　　　P——实测林外降水量（毫米/年）；

　　　E——实测林分蒸散量（毫米/年）；

　　　C——实测林分地表快速径流量（毫米/年）；

　　　A——林分面积（公顷）；

　　　F——森林生态系统服务修正系数；

d——贴现率。

$$K_{水} = (\rho_{大气降水} - \rho_{径流}) / N_{水} \cdot K \tag{1-19}$$

式中：$K_{水}$——水污染物应纳税额（元/吨，附表1）；

$\rho_{大气降水}$——大气降水中某一水污染物浓度（毫克/升）；

$\rho_{径流}$——森林地下径流中某一水污染物浓度（毫克/升）；

$N_{水}$——水污染物污染当量值（千克，附表1）；

K——税额（元，附表1）。

（四）固碳释氧功能

森林与大气的物质交换主要是二氧化碳与氧气的交换，即森林固定并减少大气中的二氧化碳和提高并增加大气中的氧气（图1-8），这对维持大气中的二氧化碳和氧气动态平衡、减少温室效应以及为人类提供生存的基础都有巨大和不可替代的作用。为此，本研究选用固碳、释氧2个指标反映森林生态系统固碳释氧功能。根据光合作用化学反应式，森林植被每积累1.00克干物质，可以吸收（固定）1.63克二氧化碳，释放1.19克氧气。本研究通过森林的固碳（植被固碳和土壤固碳）功能和释氧功能2个指标计量固碳释氧物质量。

图1-8 森林生态系统固碳释氧作用

1. 固碳指标

根据光合作用和呼吸作用方程式确定森林每年生产1t干物质固定吸收CO_2的量，再根据树种的年净初级生产力计算出森林每年固定CO_2的总量。

（1）植被和土壤年固碳量。公式如下：

$$G_{碳} = A \cdot (1.63 R_{碳} \cdot B_{年} + F_{土壤碳}) \cdot F \tag{1-20}$$

式中：$G_{碳}$——评估林分年固碳量（吨/年）；

$B_{年}$——实测林分年净生产力[吨/（公顷·年）]；

$F_{土壤碳}$——单位面积实测林分土壤年固碳量[吨/（公顷·年）]；

$R_{碳}$——二氧化碳中碳的含量，为27.27%；

A——林分面积（公顷）；

F——森林生态系统服务修正系数。

公式计算得出森林的潜在年固碳量，再从其中减去由于森林年采伐造成的生物量移出从而损失的碳量，即为森林的实际年固碳量。

（2）年固碳价值。林分植被和土壤年固碳价值的计算公式如下：

$$U_{碳}=A \cdot C_{碳} \cdot (1.63R_{碳} \cdot B_{年}+F_{土壤碳}) \cdot F \cdot d \tag{1-21}$$

式中：$U_{碳}$——评估林分年固碳价值（元/年）；

$B_{年}$——实测林分年净生产力[吨/（公顷·年）]；

$F_{土壤碳}$——单位面积实测林分土壤年固碳量[吨/（公顷·年）]；

$C_{碳}$——固碳价格（元/吨，附表5）；

$R_{碳}$——二氧化碳中碳的含量，为27.27%；

A——林分面积（公顷）；

F——森林生态系统服务修正系数；

d——贴现率。

公式得出森林的潜在年固碳价值，再从其中减去由于森林年采伐消耗量造成的碳损失，即为森林的实际年固碳价值。

2. 释氧指标

（1）年释氧量。公式如下：

$$G_{氧气}=1.19A \cdot B_{年} \cdot F \tag{1-22}$$

式中：$G_{氧气}$——评估林分年释氧量（吨/年）；

$B_{年}$——实测林分年净生产力[吨/（公顷·年）]；

A——林分面积（公顷）；

F——森林生态系统服务修正系数。

（2）年释氧价值。公式如下：

$$U_{氧}=1.19 \cdot C_{氧}A \cdot B_{年} \cdot F \cdot d \tag{1-23}$$

式中：$U_{氧}$——评估林分年释氧价值（元/年）；

$B_{年}$——实测林分年净生产力[吨/（公顷·年）]；

$C_{氧}$——氧气价格（元/吨，附表5）；

A——林分面积（公顷）；

F——森林生态系统服务修正系数；

d——贴现率。

（五）净化大气环境功能

近年雾霾天气频繁、大范围的出现，使空气质量状况成为民众和政府部门的关注焦点，大气颗粒物（如 PM_{10}、$PM_{2.5}$）被认为是造成雾霾天气的罪魁出现在人们的视野中。如何控制大气污染、改善空气质量成为科学研究的热点。

森林能有效吸收有害气体、吸滞粉尘、降低噪音、提供负离子等，从而起到净化大气作用（图1-9）。为此，本研究选取提供负离子、吸收气体污染物（二氧化硫、氟化物和氮氧化物）、滞尘、滞纳 PM_{10} 和 $PM_{2.5}$ 等 7 个指标反映森林净化大气环境能力，由于降低噪音指标计算方法尚不成熟，所以本研究中不涉及降低噪音指标。

> 森林提供负氧离子是指森林的树冠、枝叶的尖端放电以及光合作用过程的光电效应促使空气电解，产生空气负离子，同时森林植被释放的挥发性物质如植物精气（又叫芬多精）等也能促使空气电离，增加空气负离子浓度。

> 森林滞纳空气颗粒物是指由于森林增加地表粗糙度，降低风速从而提高空气颗粒物的沉降几率，同时，植物叶片结构特征的理化特性为颗粒物的附着提供了有利的条件；此外，枝、叶、茎还能够通过气孔和皮孔滞纳空气颗粒物。

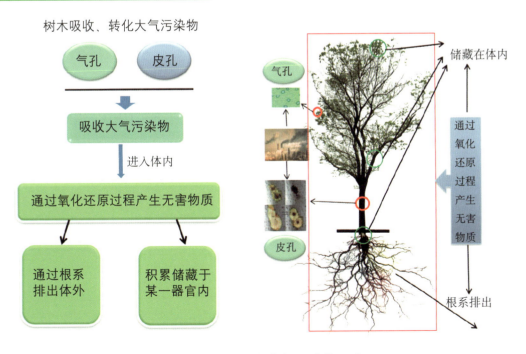

图 1-9　树木吸收空气污染物示意

1. 提供负离子指标

（1）年提供负离子量。公式如下：

$$G_{负离子}=5.256\times10^{15}\cdot Q_{负离子}\cdot A\cdot H\cdot F/L \tag{1-24}$$

式中：$G_{负离子}$——评估林分年提供负离子个数（个/年）；

$Q_{负离子}$——实测林分负离子浓度（个/立方厘米）；

H——实测林分高度（米）；

L——负离子寿命（分钟）；

A——林分面积（公顷）；

F——森林生态系统服务修正系数。

（2）年提供负离子价值。国内外研究证明，当空气中负离子达到600个/立方厘米以上时，才能有益人体健康，所以林分年提供负离子价值采用如下公式计算：

$$U_{负离子}=5.256\times10^{15}\cdot A\cdot H\cdot K_{负离子}(Q_{负离子}-600)\cdot F\cdot d/L \tag{1-25}$$

式中：$U_{负离子}$——评估林分年提供负离子价值（元/年）；

$K_{负离子}$——负离子生产费用（元/个，附表5）；

$Q_{负离子}$——实测林分负离子浓度（个/立方厘米）；

L——负离子寿命（分钟）；

H——实测林分高度（米）；

A——林分面积（公顷）；

F——森林生态系统服务修正系数；

d——贴现率。

2. 吸收气体污染物指标

二氧化硫、氟化物和氮氧化物是大气污染物的主要物质（图1-10）。因此，本研究选取森林吸收二氧化硫、氟化物和氮氧化物3个指标核算森林吸收气体污染物的能力。森林对二氧化硫、氟化物和氮氧化物的吸收，可使用面积—吸收能力法、阈值法、叶干质量估算法等。本研究采用面积-吸收能力法核算森林吸收气体污染物的总量，采用应税污染物法核算价值量。

（1）吸收二氧化硫。

①林分年吸收二氧化硫量计算公式：

$$G_{二氧化硫}=Q_{二氧化硫}\cdot A\cdot F/1000 \tag{1-26}$$

式中：$G_{二氧化硫}$——评估林分年吸收二氧化硫量（吨/年）；

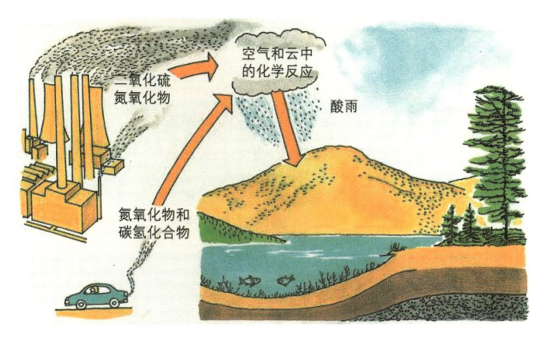

图 1-10　污染气体的来源及危害

$Q_{二氧化硫}$——单位面积实测林分年吸收二氧化硫量 [千克/（公顷·年）]；

A——林分面积（公顷）；

F——森林生态系统服务修正系数。

②林分年吸收二氧化硫价值计算公式：

$$U_{二氧化硫}=Q_{二氧化硫}/N_{二氧化硫} \cdot K \cdot A \cdot F \cdot d \tag{1-27}$$

式中：$U_{二氧化硫}$——评估林分年吸收二氧化硫价值（元/年）；

$Q_{二氧化硫}$——单位面积实测林分年吸收二氧化硫量 [千克/（公顷·年）]；

$N_{二氧化硫}$——二氧化硫污染当量值（千克，附表2）；

K——税额（元，附表1）；

A——林分面积（公顷）；

F——森林生态系统服务修正系数；

d——贴现率。

(2) 吸收氟化物。

①林分吸收氟化物年量计算公式：

$$G_{氟化物}=Q_{氟化物} \cdot A \cdot F/1000 \tag{1-28}$$

式中：$G_{氟化物}$——评估林分年吸收氟化物量（吨/年）；

$Q_{氟化物}$——单位面积实测林分年吸收氟化物量 [千克/（公顷·年）]；

A——林分面积（公顷）；

F——森林生态系统服务修正系数。

②林分年吸收氟化物价值计算公式：

$$U_{氟化物}=Q_{氟化物}/N_{氟化物} \cdot K \cdot A \cdot F \cdot d \tag{1-29}$$

式中：$U_{氟化物}$——评估林分年吸收氟化物价值（元/年）；

$Q_{氟化物}$——单位面积实测林分年吸收氟化物量[千克/（公顷·年）]；

$N_{氟化物}$——氟化物污染当量值（千克，附表2）；

K——税额（元，附表1）；

A——林分面积（公顷）；

F——森林生态系统服务修正系数；

d——贴现率。

(3) 吸收氮氧化物。

①林分氮氧化物年吸收量计算公式：

$$G_{氮氧化物}=Q_{氮氧化物} \cdot A \cdot F/1000 \tag{1-30}$$

式中：$G_{氮氧化物}$——评估林分年吸收氮氧化物量（吨/年）；

$Q_{氮氧化物}$——单位面积实测林分年吸收氮氧化物量[千克/（公顷·年）]；

A——林分面积（公顷）；

F——森林生态系统服务修正系数。

②年吸收氮氧化物量价值计算公式如下：

$$U_{氮氧化物}=Q_{氮氧化物}/N_{氮氧化物} \cdot K \cdot A \cdot F \cdot d \tag{1-31}$$

式中：$U_{氮氧化物}$——评估林分年吸收氮氧化物价值（元/年）；

$Q_{氮氧化物}$——单位面积实测林分年吸收氮氧化物量[千克/（公顷·年）]；

$N_{氮氧化物}$——氮氧化物污染当量值（千克，附表2）；

K——税额（元，附表1）；

A——林分面积（公顷）；

F——森林生态系统服务修正系数；

d——贴现率。

3. 滞尘指标

森林有阻挡、过滤和吸附粉尘的作用，可提高空气质量。因此滞尘功能是森林生态系统重要的服务功能之一。鉴于近年来人们对 PM_{10} 和 $PM_{2.5}$ 的关注，本研究在评估总滞尘量及其价值的基础上,将 PM_{10} 和 $PM_{2.5}$ 从总滞尘量中分离出来进行了单独的物质量和价值量评估。

(1) 年总滞尘量。公式如下:

$$G_{滞尘} = Q_{滞尘} \cdot A \cdot F / 1000 \tag{1-32}$$

式中:$G_{滞尘}$——评估林分年潜在滞尘量(吨/年);

$Q_{滞尘}$——单位面积实测林分年滞尘量[千克/(公顷·年)];

A——林分面积(公顷);

F——森林生态系统服务修正系数。

(2) 年滞尘价值。

本研究中,用应税污染物法计算林分滞纳 PM_{10} 和 $PM_{2.5}$ 的价值。其中,PM_{10} 和 $PM_{2.5}$ 采用炭黑尘(粒径 0.4~1 微米)污染当量值结合应税额度进行核算。林分滞纳其余颗粒物的价值一般性粉尘(粒径 < 75 微米)污染当量值结合应税额度进行核算。年滞尘价值计算公式如下:

$$U_{滞尘} = (G_{TSP} - G_{PM_{10}} - G_{PM_{2.5}}) / N_{一般性粉尘} \cdot K \cdot A \cdot F \cdot d + U_{PM_{10}} + U_{PM_{2.5}} \tag{1-33}$$

式中:$U_{滞尘}$——评估林分年潜在滞尘价值(元/年);

Q_{TSP}——单位面积实测林分年滞纳 TSP 量[千克/(公顷·年)];

$Q_{PM_{10}}$——单位面积实测林分年滞纳 PM_{10} 量[千克/(公顷·年)];

$Q_{PM_{2.5}}$——单位面积实测林分年滞纳 $PM_{2.5}$ 量[千克/(公顷·年)];

$N_{一般性粉尘}$——一般性粉尘污染当量值(千克,附表2);

K——税额(元,附表1);

A——林分面积(公顷);

F——森林生态系统服务修正系数;

$U_{PM_{10}}$——林分年滞纳 PM_{10} 价值(元/千克);

$U_{PM_{2.5}}$——林分年滞纳 $PM_{2.5}$ 价值(元/千克);

d——贴现率。

4. 滞纳 $PM_{2.5}$

(1) 年滞纳 $PM_{2.5}$ 量。公式如下:

$$G_{PM_{2.5}} = 10 Q_{PM_{2.5}} \cdot A \cdot n \cdot F \cdot \text{LAI} \tag{1-34}$$

式中:$G_{PM_{2.5}}$——评估林分年潜在滞纳 $PM_{2.5}$ 量(千克/年);

$Q_{PM_{2.5}}$——实测林分单位叶面积滞纳 $PM_{2.5}$ 量(克/平方米);

A——林分面积（公顷）；

F——森林生态系统服务修正系数；

n——年洗脱次数；

LAI——叶面积指数。

(2) 年滞纳 $PM_{2.5}$ 价值。

$$U_{PM_{2.5}}=10Q_{PM_{2.5}}/N_{炭黑尘} \cdot K \cdot A \cdot n \cdot F \cdot \text{LAI} \cdot d \qquad (1\text{-}35)$$

式中：$U_{PM_{2.5}}$——评估林分年潜在滞纳 $PM_{2.5}$ 价值（元/年）；

$Q_{PM_{2.5}}$——实测林分单位叶面积滞纳 $PM_{2.5}$ 量（克/平方米）；

$N_{炭黑尘}$——炭黑尘污染当量值（千克，附表2）；

K——税额（元，附表1）；

A——林分面积（公顷）；

F——森林生态系统服务修正系数；

n——年洗脱次数；

LAI——叶面积指数；

d——贴现率。

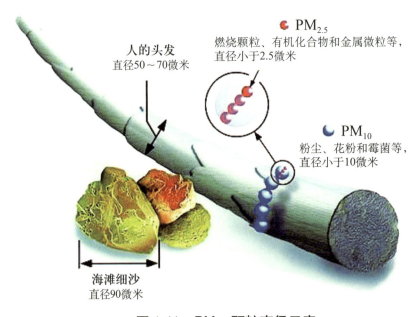

图 1-11　$PM_{2.5}$ 颗粒直径示意

5. 滞纳 PM_{10}

(1) 年滞纳 PM_{10} 量。

$$G_{PM_{10}}=10Q_{PM_{10}} \cdot A \cdot n \cdot F \cdot \text{LAI} \qquad (1\text{-}36)$$

式中：$G_{PM_{10}}$——评估林分年潜在滞纳PM_{10}量（千克/年）；

$Q_{PM_{10}}$——实测林分单位叶面积滞纳PM_{10}量（克/平方米）；

A——林分面积（公顷）；

F——森林生态系统服务修正系数；

n——年洗脱次数；

LAI——叶面积指数。

（2）年滞纳PM_{10}价值。

$$U_{PM_{10}}=10Q_{PM_{10}}/N_{炭黑尘} \cdot K \cdot A \cdot n \cdot F \cdot LAI \cdot d \qquad (1-37)$$

式中：$U_{PM_{10}}$——评估林分年潜在滞纳PM_{10}价值（元/年）；

$Q_{PM_{10}}$——实测林分单位叶面积滞纳PM_{10}量（克/平方米）；

$N_{炭黑尘}$——炭黑尘污染当量值（千克，附表2）；

K——税额（元，附表1）；

A——林分面积（公顷）；

F——森林生态系统服务修正系数；

n——年洗脱次数；

LAI——叶面积指数；

d——贴现率。

（六）森林防护功能

沿海防护林的海岸防护价值用如下方法计算：

$$U_{森林防护}=A \cdot W_{风} \qquad (1-38)$$

式中：$U_{森林防护}$——评估森林防护功能的价值量（元/年）；

A——沿海防护林的面积（公顷）；

$W_{风}$——单位面积森林的防风效益（万元/公顷）。

防风效益是指由于森林存在降低风速而减轻自然灾害的损失所折合成单位面积森林的防护价值。对不同风力的衰弱能力，森林的防风效益是不同的，一般可根据当地不同风力所引起的自然灾害的损失，计算相应的森林防风效益。防风效益可根据不同风力的危害强度来计算。由于防护林具有减轻风灾的经济损失（根据前一年当地统计年鉴的不同风害的经济损失的统计值），由此可折合成每公顷的防风效益，不同强风的防风效益见表1-1。

表 1-1 沿海防护林森林防护效益

破坏性风害	风害次数	防风效益
12级以上（台风）	风害次数	每次按1.5万元/公顷计
9~12级（暴风）	风害次数	每次按1.2万元/公顷计
8~9级（大风）	风害次数	每次按1.0万元/公顷计
7~8级（疾风）	风害次数	每次按0.5万元/公顷计
6~7级（强风）	风害次数	每次按0.2万元/公顷计

（七）生物多样性保护功能

生物多样性维护了自然界的生态平衡，并为人类的生存提供了良好的环境条件。生物多样性是生态系统不可缺少的组成部分，对生态系统服务的发挥具有十分重要的作用。Shannon-Wiener 指数是反映森林中物种的丰富度和分布均匀程度的经典指标。传统Shannon-Wiener 指数对生物多样性保护等级的界定不够全面。本研究采用特有种指数、濒危指数及古树年龄指数进行生物多样性保护功能评估（表1-2至表1-4），以利于生物资源的合理利用和相关部门保护工作的合理分配。

生物多样性保护功能评估公式如下：

$$U_{总} = (1 + 0.1\sum_{m=1}^{x} E_m + 0.1\sum_{n=1}^{y} B_n + 0.1\sum_{r=1}^{z} O_r) \cdot S_{生} \cdot A \quad (1\text{-}39)$$

式中：$U_{总}$——评估林分年生物多样性保护价值（元/年）；

E_m——评估林分（或区域）内物种 m 的珍稀濒危指数（表1-2）；

B_n——评估林分（或区域）内物种 n 的特有种指数（表1-3）；

O_r——评估林分（或区域）内物种 r 的古树年龄指数（表1-4）；

x——计算珍稀濒危物种数量；

y——计算特有种物种数量；

z——计算古树物种数量；

$S_{生}$——单位面积物种多样性保护价值量[元/（公顷·年）]；

A——林分面积（公顷）。

本研究根据Shannon-Wiener指数计算生物多样性保护价值，共划分7个等级：

当指数<1时，$S_{生}$ 为3000[元/（公顷·年）]；

当 $1 \leqslant$ 指数 < 2 时，$S_{生}$ 为5000[元/（公顷·年）]；

当 $2 \leqslant$ 指数 < 3 时，$S_{生}$ 为10000[元/（公顷·年）]；

当 $3 \leqslant$ 指数 < 4 时，$S_{生}$ 为20000[元/（公顷·年）]；

当 $4 \leqslant$ 指数 < 5 时，$S_{生}$ 为30000[元/（公顷·年）]；

当5≤指数＜6时，$S_{生}$为40000[元/（公顷·年）]；

当指数≥6时，$S_{生}$为50000[元/（公顷·年）]。

表1-2 物种濒危指数体系

濒危指数	濒危等级	物种种类
4	极危	参见《中国物种红色名录》第一卷：红色名录
3	濒危	
2	易危	
1	近危	

表1-3 特有种指数体系

特有种指数	分布范围
4	仅限于范围不大的山峰或特殊的自然地理环境下分布
3	仅限于某些较大的自然地理环境下分布的类群，如仅分布于较大的海岛（岛屿）、高原、若干个山脉等
2	仅限于某个大陆分布的分类群
1	至少在2个大陆都有分布的分类群
0	世界广布的分类群

注：参见《植物特有现象的量化》（苏志尧，1999）。

表1-4 古树年龄指数体系

古树年龄	指数等级	来源及依据
100～299年	1	参见全国绿化委员会、国家林业局文件《关于开展古树名木普查建档工作的通知》
300～499年	2	
≥500年	3	

（八）林木产品供给功能

林木产品供给功能采用如下公式进行测算：

$$U_{林木产品}=U_{木材产品}+U_{非木材产品} \tag{1-40}$$

$$U_{木材产品}=\sum_{i}^{n}(A_i \cdot S_i \cdot U_i) \tag{1-41}$$

式中：$U_{林木产品}$——林木产品供给功能价值（元/年）；

$U_{木材产品}$——区域内年木材产品价值（元/年）；

A_i——第 i 种木材产品面积（公顷）；

S_i——第 i 种木材产品单位面积木材供应量[立方米/（公顷·年）]；

U_i——第 i 种木材产品市场价格（元/立方米）。

$$U_{\text{非木材产品}} = \sum_{j}^{n}(A_j \cdot V_j \cdot P_j) \quad (1\text{-}42)$$

式中：$U_{\text{非木材产品}}$——区域内年非木材产品价值（元/年）；

A_j——第 j 种非木材产品种植面积（公顷）；

V_j——第 j 种非木材产品单位面积产量[（千克/（公顷·年）]；

P_j——第 j 种非木材产品市场价格（元/千克）。

（九）森林康养功能

森林康养是指森林生态系统为人类提供休闲和娱乐场所所产生的价值，包括直接产值和带动的其他产业产值，直接产值采用林业旅游与休闲产值替代法进行核算。计算公式如下：

$$U_{\text{康养}} = (U_{\text{直接}} + U_{\text{带动}}) \times 0.8 \quad (1\text{-}43)$$

式中：$U_{\text{康养}}$——森林康养价值量（元/年）；

$U_{\text{直接}}$——林业旅游与休闲产值，按照直接产值对待（元/年）；

$U_{\text{带动}}$——林业旅游与休闲带动的其他产业产值（元/年）；

0.8——森林公园接待游客量和创造的旅游产值约占森林旅游总规模的百分比。

（十）森林生态系统服务功能总价值评估

森林生态系统服务功能总价值为上述分项价值量之和，公式如下：

$$U_I = \sum_{i=1}^{24} U_i \quad (1\text{-}44)$$

式中：U_I——森林生态系统服务功能总价值（元/年）；

U_i——森林生态系统服务功能各分项价值量（元/年）。

第二章
秦皇岛市及其国有林场森林资源概况

秦皇岛，简称"秦"，别称港城、临榆，是河北省地级市，国务院批复确定的中国环渤海地区重要的港口城市，著名的滨海旅游、休闲、度假胜地。截至2019年，全市下辖6个区、2个县、代管1个自治县，总面积7813平方千米，建成区面积131.45平方千米，常住人口314.63万人，城镇人口191.04万人，城镇化率60.72%。

第一节 秦皇岛市地理概况

一、自然地理概况

秦皇岛位于河北省东北部，南临渤海，北依燕山，东接辽宁，西近京津，地处华北、东北两大经济区结合部，居环渤海经济圈中心地带，介于北纬39°24′～40°37′、东经118°33′～119°51′之间，东北接辽宁省葫芦岛市绥中县、建昌县和朝阳市的凌源市，西北临河北省承德市宽城满族自治县，西靠唐山市的滦县、迁安、迁西、滦南四县（市），南临渤海。秦皇岛市位于燕山山脉东段丘陵地区与山前平原地带，地势北高南低，形成北部山区—低山丘陵区—山间盆地区—冲积平原区—沿海区（图2-1）。北部山区位于秦皇岛市青龙满族自治县境内，海拔在1000米以上的山峰有都山、祖山等4座。秦皇岛市的气候类型属于暖温带，地处半湿润区，属于温带大陆性季风气候。因受海洋影响较大，气候比较温和，春季少雨干燥，夏季温热无酷暑，秋季凉爽多晴天，冬季漫长无严寒。辖区内地势多变，但气候影响不大。2013年最低气温-18℃，最高气温35℃。

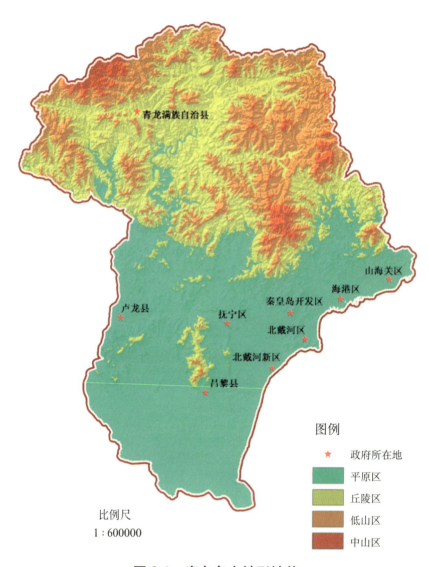

图 2-1　秦皇岛市地形地貌

二、土壤、水文和野生动植物资源

秦皇岛地质构造复杂，地貌类型多样，土壤类型依据地形条件呈现出一定的分布规律：北部山区多为侏罗系地层，以花岗岩、安山岩、角砾岩为主，由于岩石有不同程度的变质，成为变质岩系，以片麻岩为主；中部山地—盆地区，以石灰岩、白云岩为主；南部平原多为第四纪沉积物。成土母质主要包括残坡积风化物、洪积冲积物、冲积物等。秦皇岛市有流域面积大于 500 平方千米河流 6 条，大于 100 平方千米河流 23 条，大于 30 平方千米的河流 54 条。滦河在秦皇岛市境内流域面积 3773.7 平方千米，地下水资源量 7.45 亿立方米，水资源总量 16.40 亿立方米。

秦皇岛地区的动物区系属温带森林—草原农田动物群，是迁徙动物途经地与停留地，尤其是候鸟迁徙的必经地，动物资源比较丰富，共有陆栖脊椎动物 4 纲 29 目 85 科 417 种，其中候鸟有 369 种，被誉为世界四大观鸟基地之一。列入国家一级保护的鸟类有白鹳、白鹤、金雕、丹顶鹤等7种，国家二级保护鸟类54种，省级保护鸟类28种，其他省级保护动物6种。秦皇岛市山区属燕山山脉东段，山区植被完好，有广阔林区。主要树种有油松、华北落叶松、侧柏、栎树、山杨等20余种。

三、旅游资源

秦皇岛是国家历史文化名城，因秦始皇东巡至此派人入海求仙而得名，是中国唯一一个因皇帝帝号而得名的城市，因《浪淘沙·北戴河》而闻名遐迩，汇集了丰富的旅游资源，是驰名中外的旅游休闲胜地。秦皇岛市旅游资源集山、河、湖、泉、瀑、洞、沙、海、关、城、港、寺、庙、园、别墅、候鸟与珍稀动植物等为一体，旅游资源类型丰富，秦皇岛市每年举办具有浓郁地方文化特色的山海关长城节、孟姜女庙会、望海大会、昌黎干红葡萄酒节等节庆活动。

秦皇岛是一个有山、有海、有河、有湿地、有长城的多元生态旅游城市，优越的地理区位和良好的生态环境是这个城市得天独厚的旅游资源。旅游资源在分布上呈两条相对平行的带状分布，其中在滨海带上，有老龙头、天下第一关、孟姜女庙、秦皇求仙入海处、海上运动中心、新澳海底世界、野生动物园、鸽子窝公园、金山嘴、老虎石、北戴河名人别墅、联峰山、滑沙场以及众多的滨海浴场和各类主题公园等；在中北部山地—丘陵带上，有三道关—九门口—义院口—界岭口—桃林口—冷口—城子岭口长城和沿长城一线的各处文物古迹，以及长寿山、角山、燕塞湖、祖山、背牛顶、天马山、碣石山、十里葡萄长廊、孤竹国文化遗址等（图2-2）。

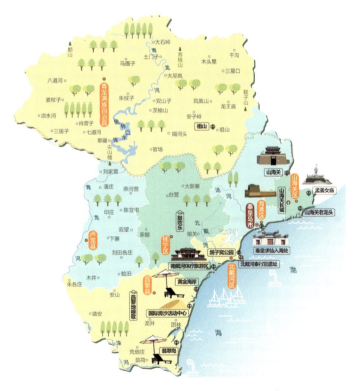

图2-2　秦皇岛市旅游资源分布

第二节　秦皇岛市森林资源空间格局分析

森林资源是林业生态建设的重要物质基础，增加森林资源以及保障其稳定持续的发展是林业工作的出发点和落脚点。在自然因素和人为因素的干扰下，森林资源的数量和质量始终处于变化中。加强森林资源的管理和保护，是保障国土生态安全的需要，是增强森林资源信息的动态管理、分析、评价和预测功能的需要。及时掌握森林资源的消长变化，对于科学的经营管理和保护利用森林资源具有重要意义。秦皇岛市共有 9 个县（区），林业用地总面积 43.10 万公顷、森林面积 38.10 万公顷（图 2-3），这些森林是维系秦皇岛市生态平衡的坚实基础。

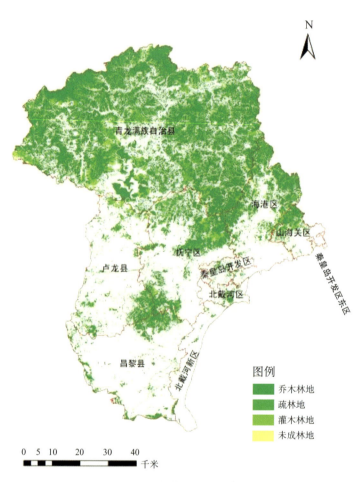

图 2-3　秦皇岛市林地空间分布

一、林业用地面积

根据国家有关技术分类标准，林业用地划分为有林地、疏林地、灌木林地、未成林地、苗圃地、无立木地、宜林地和辅助生产林地。秦皇岛市 2018 年林业用地总面积 43.10 万公顷；其中，乔木林地 33.43 万公顷，疏林地 0.24 万公顷，灌木林地 4.48 万公顷（特灌林地 62.73 公顷，非特灌林地 4.48 万公顷），乔木林地和灌木林地约占林地总面积的 87.98%；未成林地 1.79 万公顷、苗圃地 0.45 万公顷、宜林地 2.69 万公顷，分别占林地面积的 4.15%、1.04% 和 6.25%（表 2-1）。

表 2-1　秦皇岛市林业用地面积

面积及比例	合计	乔木林地	疏林地	灌木林地			未成林地	苗圃地	宜林地
				小计	特灌林	非特灌林			
面积（万公顷）	43.10	33.43	0.24	4.48	<0.01	4.48	1.79	0.45	2.69
比例（%）	100.00	77.58	0.56	10.40	0.01	10.40	4.15	1.04	6.25

二、森林资源结构

（一）林种结构

秦皇岛市不同林种类型防护林、特用林、用材林、经济林和薪炭林的面积和蓄积量如图 2-4。面积最大的是防护林，为 16.26 万公顷，占比 48.37%；其次是经济林和用材林，占比分别为 33.65% 和 12.26%；薪炭林和用材林排最后两位，占比仅为 4.22% 和 1.50%。秦皇岛市不同林种总蓄积量最大也是防护林，蓄积量为 339.63 万立方米，占比为 61.15%；其次是用材林和特用林，蓄积量占比为 23.76% 和 14.23%；蓄积量最低的是薪炭林。

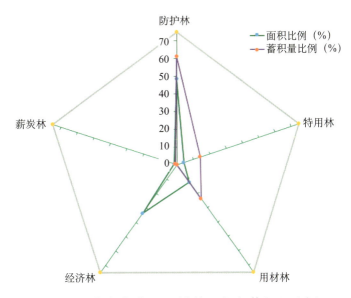

图 2-4　秦皇岛市不同林种面积和蓄积量比例

（二）优势树种（组）结构

秦皇岛市各类优势树种（组）构成中，有乔木林、特灌林、非特灌林等；同时，秦皇岛市林业在发展过程中十分注重板栗、核桃和樱桃等经济林的发展，经济林面积较大，为 11.32 万公顷，其作用不可忽视，因此在测算过程中，按秦皇岛市森林资源现状共划分了经济林、灌木林和乔木林优势树种（组）；乔木林又分为柞树、油松、杨树组、刺槐等 9 个优势树种(组)，共计 11 个。各优势树种(组)按面积排序，前 5 位依次是经济林、柞树、油松、灌木林和其他软阔类，其面积分别为占比分别 29.69%、26.92%、14.67%、11.76% 和 6.52%；面积占比较小的是阔叶混、其他硬阔类和针阔混，均在 1.0% 以下（图 2-5）。

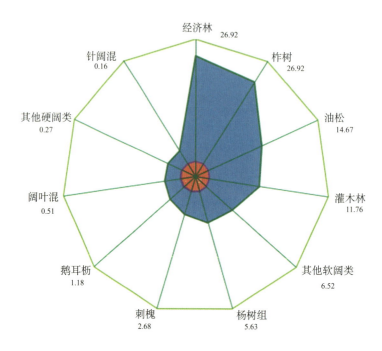

图 2-5 秦皇岛市主要优势树种（组）面积比例（%）

（三）林龄组结构

根据树木的生物学特性及经营利用目的不同，将乔木林生长过程划分为幼龄林、中龄林、近熟林、成熟林和过熟林 5 个林龄组。由表 2-2 可知，秦皇岛市森林以幼龄林和中龄林为主，其面积分别为 13.14 万公顷和 5.68 万公顷，分别占不同林龄组面积的 58.88% 和 25.47%；过熟林的面积比例最小，仅为 0.58 万公顷，占比 2.61%。而林分蓄积量则不同，中龄林的蓄积量显著高于幼龄林组，占总蓄积量的 38.63%；其次是幼龄林和近熟林的蓄积量占比为 24.93% 和 18.30%；过熟林和成熟林的蓄积量最小，仅为 44.80 万立方米和 55.99 万立方米，也仅仅占总蓄积量的 8.07% 和 10.08%。

表 2-2 不同林龄组面积和蓄积量比例

面积/蓄积量	合计	幼龄林	中龄林	近熟林	成熟林	过熟林
面积（万公顷）	22.31	13.14	5.68	2.08	0.83	0.58
比例（%）	100.00	58.88	25.47	9.31	3.73	2.61
蓄积量（万立方米）	555.44	138.44	214.55	101.65	55.99	44.80
比例（%）	100.00	24.93	38.63	18.30	10.08	8.07

(四)各县(区)森林资源

秦皇岛市各县(区)的各类林地面积见表2-3,青龙满族自治县林地面积最大,为28.92万公顷;抚宁区和海港区位列第2、3位,分别为4.51万公顷和3.55万公顷;卢龙县和昌黎县的林地面积分别为2.72万公顷和1.47万公顷,剩余的山海关区、北戴河新区、北戴河区和秦皇岛开发区林地面积均在1.0万公顷以下,最小的是秦皇岛开发区,林地面积仅为0.14万公顷。乔木林地面积分布特征和林地总面积排序一致,乔木林面积大小排序为青龙满族自治县>抚宁区>海港区>卢龙县>昌黎县>山海关区>北戴河新区>北戴河区>秦皇岛开发区(图2-6),最大的青龙满族自治县乔木林地面积为22.58万公顷,最小的秦皇岛开发区仅为0.098万公顷。

表2-3 秦皇岛市各县(区)各类林地面积统计

县(区)	总面积(公顷)	林地(公顷)									非林地(公顷)
		合计	乔木林地	疏林地	灌木林地			未成林	苗圃地	宜林地	
					小计	特灌林	非特灌林				
青龙满族自治县	350908.73	289188.16	225788.16	1349.37	35260.39	11.40	35248.99	10389.14	586.23	15814.87	61720.57
北戴河新区	26540.11	7285.53	4832.63	0.00	47.11	47.11	0.00	1427.99	368.47	609.33	19254.58
秦皇岛开发区	12753.14	1413.57	984.14	2.68	11.06	0.00	11.06	185.33	217.18	13.18	11339.57
抚宁区	96894.22	45055.21	36618.99	342.91	4416.61	0.00	4416.61	171.64	631.81	2873.25	51839.01
昌黎县	100159.13	14700.39	10170.64	250.42	106.49	0.00	106.49	1510.38	1518.89	1143.57	85458.74
山海关区	17491.91	7750.85	6456.97	1.52	902.43	0.00	902.43	156.76	113.95	119.22	9741.06
海港区	68693.52	35530.61	27355.71	239.52	3275.41	0.00	3275.41	3028.23	203.48	1428.26	33162.91
北戴河区	10178.04	2817.89	1948.01	0.00	0.00	0.00	0.00	397.26	465.01	7.61	7360.15
卢龙县	95552.82	27221.99	20188.37	211.27	813.50	4.24	809.26	635.44	444.19	4929.22	68330.83
合计	779171.62	430964.20	334343.62	2397.69	44833.00	62.75	44770.25	17902.17	4549.21	26938.51	348207.42

图 2-6 秦皇岛市不同县（区）乔木林地面积空间分布

秦皇岛市乔木林蓄积量为 555.44 万立方米，其中最大的是青龙满族自治县，为 324.13 万立方米；其次是抚宁区和海港区，分别为 64.22 万立方米和 45.28 万立方米；最小的是秦皇岛开发区，仅为 2.24 万立方米（图 2-7）。

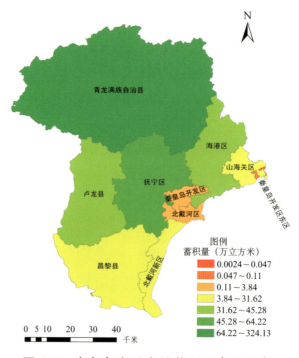

图 2-7 秦皇岛市乔木林蓄积量空间分布

第三节　秦皇岛市国有林场森林资源空间格局分析

秦皇岛市辖区内共有海滨林场、渤海林场、团林林场、平市庄林场、山海关林场、祖山林场、都山林场等7家国有林场，其中海滨林场、渤海林场、团林林场是沿海林场，自东向西沿海岸线分布，平市庄林场是刚从渤海林场划出的新建林场，山海关林场、祖山林场、都山林场位于市区北部，属山区林场，各林场具体位置如图2-8。

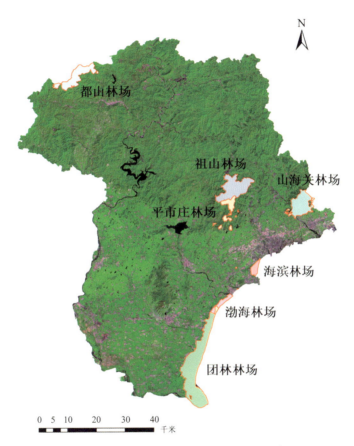

图2-8　秦皇岛市各国有林场分布

一、林业用地面积

秦皇岛市2018年国有林场经营总面积35005.63公顷，林地总面积23103.96公顷；其中，乔木林地20363.41公顷，疏林地33.14公顷，灌木林地1013.84公顷（特灌林地44.42公顷，非特灌林地969.42公顷），乔木林地和灌木林地约占林地总面积的92.53%；未成林地912.95公顷、苗圃地33.79公顷、宜林地746.83公顷，分别占林地面积的3.95%、0.15%和3.23%（表2-4）。

表 2-4　秦皇岛市国有林场面积

国有林场	总面积（公顷）	林地（公顷）									非林地（公顷）
		合计	乔木林地	疏林地	灌木林地			未成林	苗圃地	宜林地	
					小计	特灌林	非特灌林				
团林林场	14101.05	4633.94	3132.26	0.00	20.03	20.03	0.00	887.03	10.46	584.16	9467.11
渤海林场	1106.02	432.16	384.44	0.00	24.39	24.39	0.00	13.76	0.00	9.57	673.86
海滨林场	1053.18	797.38	770.47	0.00	0.00	0.00	0.00	0.00	23.33	3.58	255.80
平市庄林场	2323.29	2200.16	1979.24	2.88	153.14	0.00	153.14	0.00	0.00	64.90	123.13
都山林场	4575.15	4494.45	4492.17	0.00	0.78	0.00	0.78	0.36	0.00	1.14	80.70
祖山林场	6655.24	6207.67	6151.08	28.74	0.00	0.00	0.00	0.00	0.00	27.85	447.57
山海关林场	5191.70	4338.20	3453.75	1.52	815.50	0.00	815.50	11.80	0.00	55.63	853.50
总计	35005.63	23103.96	20363.41	33.14	1013.84	44.42	969.42	912.95	33.79	746.83	11901.67

二、森林资源结构

（一）林种结构

防护林面积占比为 64.58%，特用林占比为 33.73%，用材林占比为 1.08%，薪炭林占比 0.44%，经济林占比 0.17%（图 2-9）。

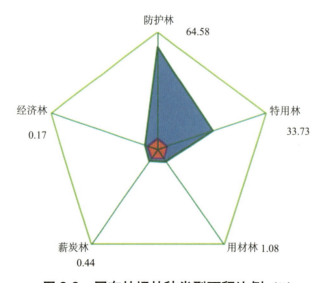

图 2-9　国有林场林种类型面积比例（%）

(二)优势树种(组)结构

主要优势树种(组)柞树、油松、刺槐、杨树组、鹅耳枥的面积排前 5 位;阔叶混、灌木林、白桦的面积居中;其他硬阔类、针阔混和经济林的面积排后 3 位(图 2-10)。

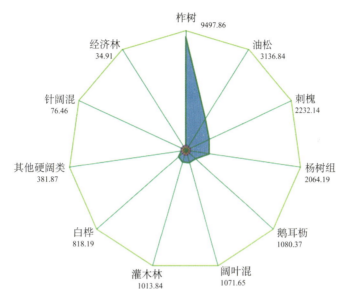

图 2-10 国有林场优势树种(组)面积(公顷)

(三)林龄组结构

幼龄林、中龄林、近熟林、成熟林和过熟林的面积分别为 8713.92 公顷、7332.95 公顷、1243.67 公顷、1694.26 公顷和 1369.64 公顷(图 2-11)。

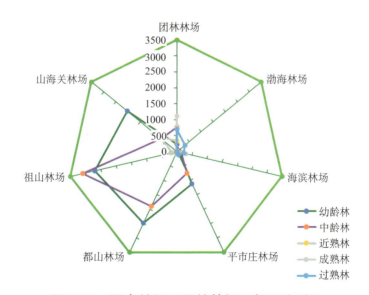

图 2-11 国有林场不同林龄组面积(公顷)

幼龄林、中龄林、近熟林、成熟林和过熟林的蓄积量分别为 34.27 万立方米、46.18 万立方米、7.94 万立方米、15.46 万立方米和 15.49 万立方米(图 2-12)。

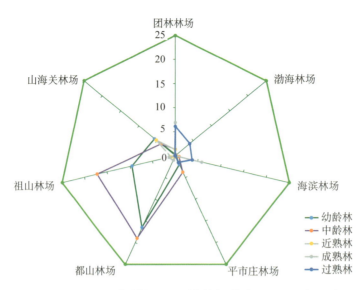

图 2-12 国有林场不同林龄组蓄积量（万立方米）

（四）各国有林场森林资源

团林林场、渤海林场、海滨林场、平市庄林场、都山林场、祖山林场、山海关林场的乔木林面积分别为 3130.81 公顷、407.15 公顷、765.34 公顷、1978.38 公顷、4492.17 公顷、6151.08 公顷、3429.51 公顷（图 2-13）；对应的各林场蓄积量分别为 16 万立方米、4.25 万立方米、10.84 万立方米、7.20 万立方米、36.91 万立方米、29.15 万立方米、14.99 万立方米（图 2-14）。

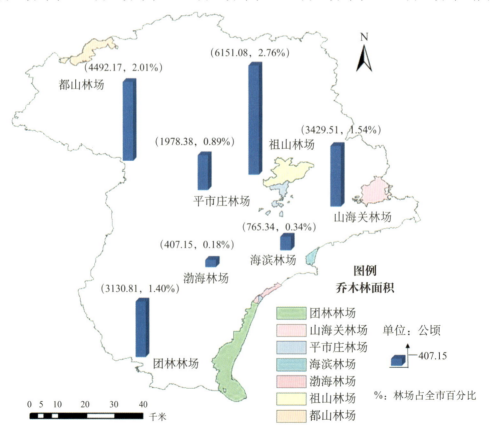

图 2-13 国有林场乔木林面积

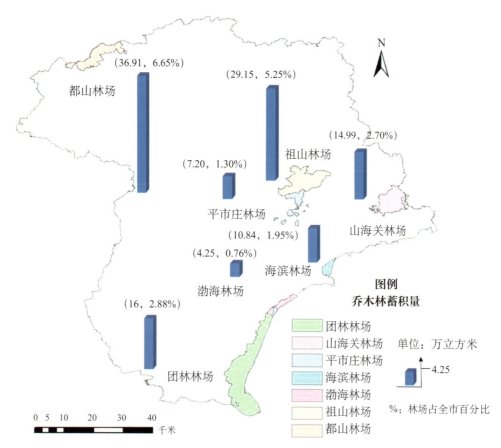

图 2-14 国有林场乔木林蓄积量

三、森林资源空间格局

景观生态学研究最突出的特点是强调空间异质性、生态学过程和尺度的关系。景观格局分析方法主要采用数量研究方法，应用于景观整体分析的景观格局模型分析，描述与分析景观空间格局斑块之间相互关系及斑块特征，模拟景观格局动态变化。景观格局数量研究方法为建立景观结构与功能过程的相互关系，以及预测景观变化提供了有效手段（傅伯杰，2001）。景观格局变化的定量分析可以从景观指数的变化上反映出来，景观指数能够高度浓缩景观格局的信息，反映其结构组成和空间配置某些方面特征的简单定量指标。由于景观指数易于理解、生态学意义较明确，所以景观指数法比其他方法得到更普遍的应用。应用不同的景观指数定量地描述森林景观格局，可以对不同森林景观类型进行比较，研究它们结构、格局、异质性和过程的异同。

1. 都山林场森林资源空间格局

由图 2-15 可知，都山林场优势树种较为简单，主要有板栗、柞树、核桃楸、油松、灌木和白桦，其中柞树占有绝对优势，呈片状大量分布，其次是白桦，油松零星分布，其他树种的范围较小。

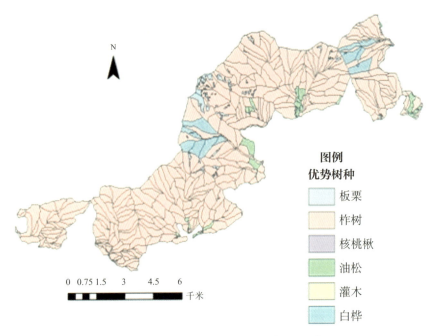

图 2-15　都山林场优势树种空间分布

斑块密度越大，说明该景观类型单位面积上的斑块数量越多，该景观类型的破碎化程度越大；反之就越小。都山林场的斑块数量（2个）和斑块密度（0.04个/平方千米）均较低，斑块平均面积较大（2251.26公顷），说明该林场森林景观比较集中，破碎化程度极低。散布与并列指数：是描述景观分散与相互混杂信息的测度。散布与并列指数取值小，表明斑块类型仅与少数几种其他类型相邻接；散布与并列指数IJI=100，表明各斑块间比邻的边长是均等的，即各拼块间的比邻概率是均等的。都山林场的散布与并列指数为21.73，说明该林场比较聚集，分散性较低。聚集度指数指的是景观类型之间的聚合程度，明确地考虑了斑块类型之间的相邻关系，能反映景观组分的空间配置特征。聚集度大，表明景观由一系列团聚的大斑块组成；聚集度小，表明景观由许多分散的小斑块组成。都山林场的聚集度指数为99.99，聚集度指数极高，说明该林场存在团聚性斑块，这与都山林场柞树成团分布的结果一致。都山林场的景观分裂指数和景观分离度指数都较低，景观有效粒度面积指数较高（表2-5），这都说明都山林场团聚性较高，景观的离散程度和破碎化程度较低。

表 2-5　国有林场森林景观格局指数值

国有林场	NP（个）	PD（个/平方千米）	AREA_MN（公顷）	IJI	COHESION	DIVISION	MESH	SPLIT
渤海林场	5	0.48	90.83	72.31	99.02	0.84	162.85	6.44
祖山林场	4	0.06	1640.14	35.51	99.99	0.03	6471.65	1.03
团林林场	10	0.07	375.52	79.24	99.39	0.95	689.06	20.39
山海关林场	18	0.35	250.96	66.53	99.63	0.41	3047.24	1.69
平市庄林场	17	0.73	132.05	53.79	99.09	0.65	819.04	2.83

(续)

国有林场	NP（个）	PD（个/平方千米）	AREA_MN（公顷）	IJI	COHESION	DIVISION	MESH	SPLIT
海滨林场	3	0.29	114.15	28.06	98.41	0.95	54.43	19.23
都山林场	2	0.04	2251.26	21.73	99.99	0.03	4428.88	1.03

注：NP为斑块数量；PD为斑块密度；AREA_MN：斑块平均面积；IJI：散布与并列指数；COHESION：聚集度指数；DIVISION：景观分裂指数；MESH：景观有效粒度面积指数；SPLIT：景观分离度指数。

2. 团林林场森林资源空间格局

由图2-16可知，团林林场优势树种主要有刺槐、国槐、慢生杨、速生杨、柳树、油松、白蜡和紫穗槐，其中刺槐、慢生杨和速生杨占有绝对优势，呈带状大量分布，柳树分布较为集中，其他优势树种都是零星分布，很破碎。

团林林场的斑块数量(10个)和斑块密度(0.07个/平方千米)均较低，斑块平均面积较大(375.52公顷)，说明该林场森林景观比较集中，破碎化程度极低。团林林场的散布与并列指数为79.24，说明该林场树种多呈片状或带状分布，树种类型较

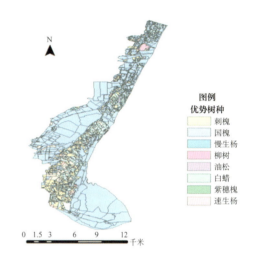

图2-16 团林林场优势树种空间分布

多，相互之间存在邻近性，聚集程度低于都山林场。团林林场的聚集度指数为99.39，聚集度指数极高，说明该林场存在团聚性斑块，这与团林林场刺槐、速生杨和慢生杨呈带状分布，其他树种呈片状分布特征有关；团林林场的景观分裂指数（0.95）和景观分离度指数都较低(20.39)，景观有效粒度面积指数(689.06)较高(表2-5)，这都说明团林林场团聚性较高，景观的离散程度和破碎化程度较低，但其聚集性程度低于都山林场。

3. 祖山林场森林资源空间格局

由图2-17可知，祖山林场优势树种主要有柞树、山杨、白桦、阔叶混、油松、椴树、鹅耳枥等。其中，柞树、油松和白桦占有绝对优势，呈片状大量分布，榆树分布较为集中，其他优势树种都是零星分布，较破碎。

祖山林场的斑块数量（4个）和斑块密度（0.06个/平方千米）均较低，斑块平均面积较大（1640.14公顷），说明该林场森林景观比较集中，破碎化程度极低。祖山林场的散布与并列指数为35.51，说明该林场树种多呈片状或带状分布，树种类型较多，相互之间存在邻近性。祖山林场的聚集度指数为99.99，聚集度指数极高，说明该林场存在团聚性斑块；祖山林场的景观分裂指数（0.03）和景观分离度指数都较低（1.03），景观有效粒度面积指数（6471.65）较高（表2-5），这都说明祖山林场团聚性高，景观的离散程度和破碎化程度较低。

4. 渤海林场森林资源空间格局

由图 2-18 可知，渤海林场优势树种主要有慢生杨、刺槐、国槐、白蜡、油松等，其中慢生杨和刺槐占有绝对优势，呈片状大量分布，其他优势树种都是零星分布，较破碎。

渤海林场的斑块数量（5个）和斑块密度（0.48个/平方千米）均较低，斑块平均面积较小（90.83公顷），说明该林场森林景观比较集中，破碎化程度极低。渤海林场的散布与并列指数为72.31，该林场树种多呈片状或带状分布，树种类型较多，相互之间存在邻近性。渤海林场的聚集度指数为99.02，聚集度指数极高，说明该林场存在团聚性斑块；渤海林场的景观分裂指数（0.84）和景观分离度指数都较低（6.44），景观有效粒度面积指数（162.85）较低（表2-5），这都说明渤海林场团聚性较高，景观的离散程度和破碎化程度较低。

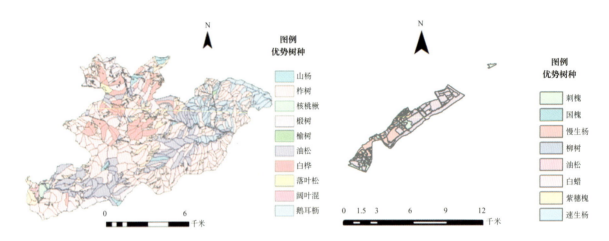

图 2-17　祖山林场优势树种空间分布　　图 2-18　渤海林场优势树种空间分布

5. 海滨林场森林资源空间格局

由图 2-19 可知，海滨林场优势树种主要有慢生杨、刺槐、五角枫、柳树、油松和白桦等，其中刺槐、慢生杨占有绝对优势，呈片状大量分布，其他优势树种都是零星分布，较破碎。

海滨林场的斑块数量（3个）和斑块密度（0.29个/平方千米）均较低，斑块平均面积较小（114.15公顷），说明该林场森林景观比较相比其他林场破碎化程度较高。海滨林场的散布与并列指数为28.06，说明该林场树种类型相对较少，呈片状或带状分布，树种类型之间存在的邻近性较低。海滨林场的聚集度指数为98.41，聚集度指数极高，说明该林场存在团聚性斑块；海滨林场的景观分裂指数（0.95）和景观分离度指数（19.23）相对其他林场较高，景观有效粒度面积指数（54.43）较低（表2-5），这都说明海滨林场团聚性低于其他林场，景观的离散程度和破碎化程度较高。

6. 山海关林场森林资源空间格局

由图 2-20 可知，山海关林场优势树种主要有阔叶混、杨树类、柞树类、油松、灌木林和经济林,其中油松、柞树、阔叶混和灌木占有绝对优势,呈片状大量分布,其他优势树种都是零星分布,较破碎。

山海关林场的斑块数量(18个)较多,这是因为其树种类型较多;斑块密度(0.35个/平方千米)均较低,斑块平均面积较小(250.96公顷),说明该林场森林景观比较相比其他林场破碎化程度较高。山海关林场的散布与并列指数为66.53,说明该林场树种类型相对较多,呈片状或带状分布,树种类型之间存在的邻近性较低。山海关林场的聚集度指数为99.63,聚集度指数极高,说明该林场存在团聚性斑块;山海关林场的景观分裂指数(0.41)和景观分离度指数(1.69)相对其他林场较高,景观有效粒度面积指数(3047.24)较高(表2-5),这都说明山海关林场团聚性较低,景观的离散程度和破碎化程度相对其他林场较高。

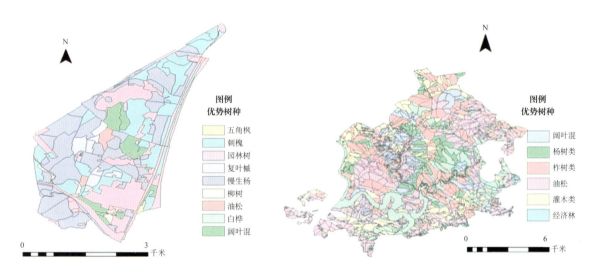

图 2-19　海滨林场优势树种空间分布　　　图 2-20　山海关林场优势树种空间分布

7. 平市庄林场森林资源空间格局

由图2-21可知,平市庄林场优势树种柞树、油松占绝对优势,刺槐呈片状分布,其他优势树种面积较小,零星分布。

平市庄林场的斑块数量(17个)较多,这是因为其树种类型较多;斑块密度(0.73个/平方千米)相对其他林场较高,斑块平均面积较小(132.05公顷),说明该林场森林景观比较相比其他林场破碎化程度较高。平市庄林场的散布与并列指数为53.79,说明该林场树种类型相对较多,呈片状或带状分布,树种类型之间存在的邻近性较高。平市庄林场的聚集度指数为99.09,聚集度指数极高,说明该林场存在团聚性斑块;平市庄林场的景观分裂指数(0.65)和景观分离度指数(2.83)相对其他林场较高,景观有效粒度面积指数(819.04)较高(表2-5),这都说明平市庄林场团聚性较低,景观的离散程度和破碎化程度相对其他林场较高。

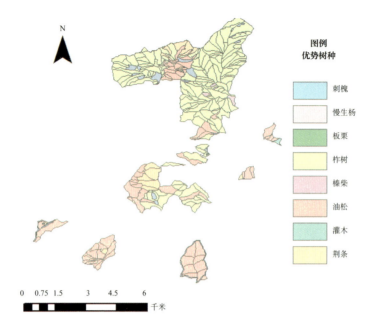

图 2-21　平市庄林场优势树种空间分布

国有林场优势树种（组）主要以柞树、油松、刺槐和杨树组为主，树种（组）相对单一，且以阔叶树为主；多呈片状和带状分布，从景观格局分析，各林场团聚性较高，景观的离散程度和破碎化程度较低。

第三章
秦皇岛市全域森林生态系统服务功能

党的十九大报告提出"提供更多优质生态产品以满足人民日益增长的优美生态环境需要",将生态产品短缺看作是新时代我国社会主要矛盾的重要方面,生态产品成为"两山"理论在实际工作中的有形助手,是绿水青山在实践中的代名词(第十八届中央委员会,2017)。生态系统服务用语描述生态系统对经济和其他人类活动所受惠益的贡献(例如所开采的自然资源、碳固存和休闲机会)(SEEA,2012)。依据国家标准《森林生态系统服务功能评估规范》(GB/T 38582—2020),本章将对秦皇岛市全域森林生态系统服务功能的物质量和价值量开展评估研究,进而揭示森林生态系统服务的特征。

第一节 全域森林生态系统服务功能物质量

> 物质量评估主要是对生态系统提供服务的物质数量进行评估,即根据不同区域、不同生态系统的结构、功能和过程,从生态系统服务功能机制出发,利用适宜的定量方法确定生态系统服务功能的质量和数量。
>
> 物质量评估的特点是评价结果比较直观,能够比较客观地反映生态系统的生态过程,进而反映生态系统的可持续性。但是,由于运用物质量评价方法得出的各单项生态系统服务的量纲不同,因而无法进行加总,不能够评价某一生态系统的综合生态系统服务。

一、森林生态系统服务功能总物质量

秦皇岛市乔木林地33.43万公顷,疏林地0.24万公顷,灌木林地4.48万公顷(特灌林地62.73公顷,非特灌林地4.48万公顷),乔木林地和灌木林地约占林地总面积的87.98%,

森林面积较大。基于国家标准《森林生态系统服务功能评估规范》（GB/T 38582—2020）和SSEA核算框架对秦皇岛市全域森林生态系统进行物质量测算，秦皇岛市全域森林生态系统服务功能总物质量见表3-1。

表3-1 全域森林生态系统服务功能物质量结果

服务类别	功能类别	指标		物质量
支持服务	保育土壤	固土（万吨/年）		1092.54
		减少氮流失（万吨/年）		2.07
		减少磷流失（万吨/年）		0.56
		减少钾流失（万吨/年）		14.12
		减少有机质流失（万吨/年）		61.31
	林木养分固持	氮固持（万吨/年）		4.61
		磷固持（万吨/年）		0.16
		钾固持（万吨/年）		3.06
调节服务	涵养水源	调节水量（亿立方米/年）		11.09
	固碳释氧	固碳（万吨/年）		114.74
		释氧（万吨/年）		270.53
	净化大气环境	提供负离子（×10^{22}个/年）		437.96
		吸收气体污染物（万吨/年）	吸收二氧化硫	6.76
			吸收氟化物	0.25
			吸收氮氧化物	0.43
		滞尘（万吨/年）	滞纳TSP	869.07
			滞纳PM$_{10}$	0.35
			滞纳PM$_{2.5}$	0.15

（一）保育土壤

土壤是地表的覆盖物，充当着大气圈和岩石圈的交界面，是地球的最外层。土壤具有生物活性，并且是由有机和无机化合物、生物、空气和水形成的复杂混合物，是陆地生态系统中生命的基础（UK National Ecosystem Assessment，2011）；土壤养分增加可能会影响土壤碳储量，对土壤化学过程的影响较为复杂（UK National Ecosystem Assessment，2011）。秦皇岛市的水土流失区域主要位于北部山区，全市土壤侵蚀以中度和轻度侵蚀为主。秦皇岛市全域森林生态系统固土总物质量是2016年桃林口水库上游输沙量23.0万吨的47.5倍（图3-1），桃林口水库坝址位于秦皇岛市青龙满族自治县三道河村附近青龙河上临近长城重要关口之一的桃林口。全域森林生态系统保肥量是全市2018年化肥施用量30.83万吨的2.53倍（图3-2）。可见，全市森林生态系统保育土壤功能作用显著，对维持全市社会、经济、生态环境的可持续发展具有重要作用。

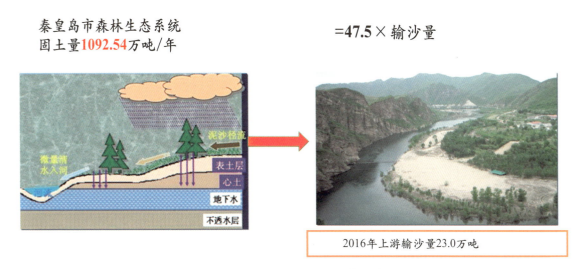

图 3-1　全域森林生态系统固土量

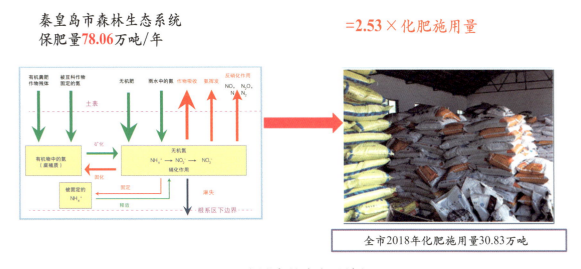

图 3-2　全域森林生态系统保肥量

（二）林木养分固持

林木在生长过程中不断从周围环境中吸收营养物质，固定在植物体中，成为全球生物化学循环不可缺少的环节。林木在生长过程中不断从周围环境吸收营养物质，固定在植物体中，成为全球生物化学循环不可缺少的环节。地下动植物（包括菌根关系）促进了基本的生物地球化学过程，促进土壤、植物养分和肥力的更新（UK National Ecosystem Assessment，2011）。秦皇岛市全域森林生态系统林木养分固持总量相当于秦皇岛市 2018 年化肥施用总量的 25.40%（秦皇岛市农业局，2019），如图 3-3。从林木养分固持的过程可以看出，秦皇岛市全域森林生态系统可以一定程度上减少因为水土流失而带来的养分损失，在其生命周期内，使得固定在体内的养分元素在此进入生物地球化学循环，极大地降低了给水库和湿地水体带来富营养化的可能性。

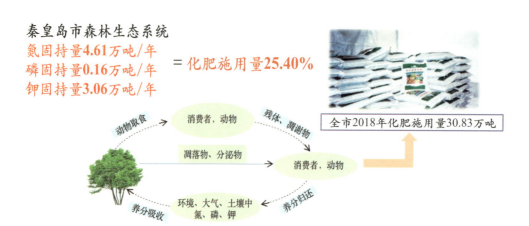

图 3-3　全域森林生态系统林木养分固持量

(三) 涵养水源

水作为一种基础性自然资源，是人类赖以生存的生命之源。而当前，随着人口的增长和对自然资源需求量的增加以及工业化的发展和环境状况的恶化，水资源需求量不断增加的同时，水环境也不断恶化，水资源短缺已成为世人共同关注的全球性问题。林地的水源管理功能需要得到足够的认识，它是人们安全生存以及可持续发展的基础（UK National Ecosystem Assessment，2011）。随着秦皇岛市社会经济发展，需水量将逐步增加，城市供水的供需矛盾日益突出，必须将水资源的永续利用与保护作为实施可持续发展的战略重点，以促进秦皇岛生态—经济—社会的健康运行与协调发展。如何破解这一难题，应对秦皇岛水资源不足与社会、经济可持续发展之间的矛盾，只有从增加贮备和合理用水这两方面着手，建设水利设施拦截水流增加贮备的工程方法。同时，运用生物工程的方法，特别是发挥森林生态系统的涵养水源功能，也应该引起人们的高度关注。秦皇岛市全域森林生态系统涵养水源总物质量相当于全市水资源总量 14.56 亿立方米 / 年的 76.17%（河北省水利厅，2019），也是洋河水库库容总量 3.86 亿立方米的 2.87 倍（图 3-4）。可见，秦皇岛市全域生态系统发挥着巨大的涵养水源功能，正如一座"绿色水库"，对维护秦皇岛市乃至京津冀地区的水资源安全、保障水资源永续利用具有重要作用。

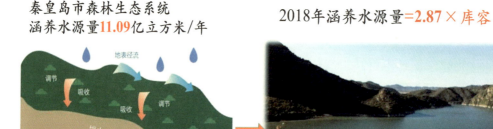

图 3-4　全域森林生态系统涵养水源量

(四)固碳释氧

英国提出并实施了"林地碳准则",这是一个自愿碳封存项目的试点标准,该准则旨在通过鼓励对林地碳项目采取一致的做法,为以固碳为目的种植树木的企业和个人提供保障(UK National Ecosystem Assessment, 2011)。森林是陆地生态系统最大的碳储库,在全球碳循环过程中起着重要作用。就森林对储存碳的贡献而言,森林面积占全球陆地面积的27.6%,森林植被的碳贮量约占全球植被的77%,森林土壤的碳贮量约占全球土壤的39%。森林固碳机制是通过森林自身的光合作用过程吸收二氧化碳,并蓄积在树干、根部及枝叶等部分,从而抑制大气中二氧化碳浓度的上升,有效地起到了绿色减排的作用,提高森林碳汇功能是降低碳总量非常有效的途径。秦皇岛作为京津冀城市圈的重要城市,近年来经济和工业发展迅速,对能源的需求大幅度增加。2018年全年规模以上工业企业综合能源消费量1290.97万吨标准煤,比2017年增长0.6%(秦皇岛市统计局,2019)。利用碳排放转换系数0.68(中国国家标准化管理委员会,2008)换算可知,秦皇岛市2018年碳排放量(CO_2)为3174.37万吨。秦皇岛市全域森林生态系统固碳总物质量为114.74万吨/年,折合成二氧化碳需要乘以系数3.67,所以全域森林固定二氧化碳量为421.10万吨/年,相当于抵消了2018年全市碳排放量的13.27%(图3-5)。可见,秦皇岛市全域森林生态系统吸收工业碳排放能够很好地实现绿色减排目标,今后仍需继续加强森林资源保护,为地区节能减排,营造美丽生活环境发挥积极作用。

图 3-5 全域森林生态系统固碳量

(五)净化大气环境

空气负离子是一种重要的无形旅游资源,具有杀菌、降尘、清洁空气的功效,被誉为"空气维生素与生长素",对人体健康十分有益;还能改善肺器官功能,增加肺部吸氧量,促进人体新陈代谢,激活肌体多种酶和改善睡眠,提高人体免疫力、抗病能力(牛香等,

2017）。植物吸收大气污染物指植物吸收二氧化硫、氮氧化物和氟化物，植物叶片具有吸附、吸收污染物或阻碍污染物扩散的作用。大气中含有大量颗粒物，根据中国环境状况公告，颗粒物已成为中国大中城市的主要污染物。$PM_{2.5}$浓度较高会直接危害人类健康，给社会带来极大的负担和经济损失。森林植被等绿色植物是$PM_{2.5}$等细颗粒物的克星，发挥着巨大的吸尘功能。习近平总书记在党的十九大报告中指出：坚持全民共治、源头防治，持续实施大气污染防治行动，打赢蓝天保卫战。森林在净化大气方面的功能无可替代，秦皇岛市全域森林生态系统年提供负离子$437.96×10^{22}$个；年吸收二氧化硫总物质量是全市2017年大气二氧化硫总排放量的1.41倍（https://energy.cngold.org）（图3-6），即森林年吸收二氧化硫量超过全市排放量的1.41倍，这是森林的潜在吸收二氧化硫量，能发挥这样的功能，表明秦皇岛市森林生态系统的生态承载力较高。

秦皇岛市全域森林生态系统年吸收氮氧化物总物质量仅相当于全市2017年大气氮氧化物排放量的5.18%（https://energy.cngold.org）（图3-7），这说明应用森林植被的生物措施吸收氮氧化物难以达到治理效果，原因是秦皇岛市的森林多位于北部山区，在城市中心的森林面积较少，但北部山区却不是氮氧化物的排放源区域，致使森林植被吸收的污染源物质较少。大气中大量的氮氧化物容易产生光化学反应，受阳光的照射，污染物吸收光子而使该物质分子处于某个电子激发态，而引起与其他物质发生化学反应。如光化学烟雾形成的起始反应是二氧化氮（NO_2）在阳光照射下，吸收紫外线（波长2900～4300埃*）而分解为一氧化氮（NO）和原子态氧（O，三重态）的光化学反应，由此开始了链反应，导致了臭氧与其他有机烃化合物的一系列反应而最终生成了光化学烟雾的有毒产物，如过氧乙酰硝酸酯（PAN）等。1943年，美国洛杉矶市发生了世界上最早的光化学烟雾事件。此后，在北美、日本、澳大利亚和欧洲部分地区也先后出现这种烟雾。经过反复的调查研究，直到1958年才发现，这一事件是由于洛杉矶市拥有的250万辆汽车排气污染造成的，这些汽车每天消耗约1600吨汽油，向大气排放1000多吨碳氢化合物和400多吨氮氧化物，这些气体受阳光作用，酿成了危害人类的光化学烟雾事件。秦皇岛市全域森林生态系统吸附滞纳$PM_{2.5}$总物质量是全市2017年$PM_{2.5}$排放量的12.61%（https://energy.cngold.org）（图3-8），说明秦皇岛市森林吸附滞纳$PM_{2.5}$量相对较低，这与森林吸收和排放源的空间匹配度不合理有关。可见，秦皇岛市森林生态系统在净化大气环境方面具有重大作用，未来随着森林生长发育及质量的不断提高，其净化大气环境还有较大潜力。

---

* 1埃 = $1×10^{-10}$米

图 3-6　全域森林生态系统吸收二氧化硫量

图 3-7　全域森林生态系统吸收氮氧化物量

图 3-8　全域森林生态系统吸附滞纳 $PM_{2.5}$ 量

二、主要优势树种（组）生态系统服务功能物质量

秦皇岛市全域主要优势树种（组）生态系统服务功能物质量见表3-2。

（一）保育土壤

由评估结果可知，柞树、经济林、油松和灌木林这4种优势树种（组）的固土量排前4位，年固土量均在100万吨以上，占全市固土总量的83.31%；最低的3种优势树种（组）为阔叶混、其他硬阔类和针阔混，年固土量均在10万吨以下，仅占全市固土总量的0.87%；杨树组、其他软阔类、刺槐和鹅耳枥居中（图3-9）。柞树、经济林、油松和灌木林这4个优势树种（组）大部分集中在秦皇岛市的北部山区，而北部地区地质复杂多样，而且是多个水库和河流的发源地，柞树、经济林、油松和灌木林固土功能的作用体现在防治水土流失方面，对于维护秦皇岛市北部地区饮用水的生态安全意义重大，为该区域社会经济发展提供了重要保障，为生态效益科学化补偿提供了技术支撑。另外，柞树、经济林、油松和灌木林的固土功能还极大限度地提高秦皇岛市相关水库的使用寿命，保障了秦皇岛乃至京津冀地区的用水安全。

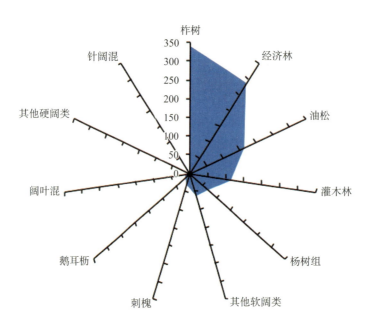

图3-9 全域主要优势树种（组）固土量（万吨／年）

减少土壤肥力流失量最高的3种优势树种（组）为柞树、经济林和油松，减少土壤肥力流失量分别为29.04万吨／年、16.42万吨／年和17.42万吨／年，这3种优势树种（组）占全市减少土壤肥力流失总量的77.09%，其他树种年减少土壤肥力流失量均低于10万吨；最低的3种优势树种（组）为阔叶混、其他硬阔类和针阔混，年减少土壤肥力流失量均在1.0万吨以下，仅占全市减少土壤肥力流失总量的0.97%（图3-10至图3-13）。主要优势树种（组）减少土壤肥力流失量以减少有机质和钾流失为主。伴随着土壤的侵蚀，大量的土壤养分也随

表 3-2 全域主要优势树种（组）生态系统服务功能物质量结果

优势树种（组）	支持服务									调节服务									
	保育土壤（万吨/年）	保肥				林木养分固持（万吨/年）			涵养水源（亿立方米/年）	固碳释氧（万吨/年）		提供负离子（$\times 10^{22}$ 个/年）	净化大气环境（吨/年）				滞尘（万吨/年）		
	固土	减少氮流失	减少磷流失	减少钾流失	减少有机质流失	氮固持	磷固持	钾固持	调节水量	固碳	释氧		吸收气体污染物			滞纳 TSP	滞纳 PM_{10}	滞纳 $PM_{2.5}$
													吸收二氧化硫	吸收氟化物	吸收氮氧化物			
柞树	339.95	0.97	0.21	6.44	21.41	1.82	0.05	1.24	3.40	39.54	95.99	227.18	1.83	0.10	0.12	197.79	0.10	0.04
油松	166.90	0.48	0.10	3.46	10.68	0.46	0.04	0.22	1.81	16.36	38.43	95.52	1.41	0.02	0.07	309.53	0.06	0.05
针阔混	1.77	0.01	<0.01	0.03	0.14	0.01	<0.01	<0.01	0.01	0.25	0.60	1.15	0.01	<0.01	<0.01	1.69	<0.01	<0.01
其他软阔类	62.77	0.11	0.03	0.56	3.70	0.38	0.01	0.26	0.60	8.42	20.16	43.32	0.41	0.02	0.03	34.36	0.02	0.01
其他硬阔类	2.76	0.01	<0.01	0.04	0.14	0.04	<0.01	0.01	0.03	0.44	1.08	1.79	0.02	<0.01	<0.01	1.79	<0.01	<0.01
杨树组	67.01	0.15	0.02	1.11	6.12	0.35	0.01	0.24	0.83	7.83	18.91	37.84	0.49	0.03	0.03	54.74	0.03	0.01
鹅耳枥	12.80	0.03	<0.01	0.13	0.86	0.08	<0.01	0.08	0.12	1.73	4.21	7.70	0.08	<0.01	0.01	7.41	<0.01	<0.01
刺槐	30.21	0.08	0.02	0.52	1.72	0.19	0.01	0.13	0.33	4.29	10.50	18.98	0.18	0.01	0.01	19.58	0.01	<0.01
阔叶混	4.98	0.01	<0.01	0.07	0.30	0.04	<0.01	0.03	0.05	0.75	1.82	4.08	0.03	<0.01	<0.01	3.08	<0.01	<0.01
经济林	287.10	0.17	0.14	1.53	14.57	0.98	0.03	0.67	2.82	27.20	61.94	0.39	1.67	0.03	0.11	171.59	0.09	0.03
小计	116.29	0.05	0.02	0.25	1.66	0.26	0.01	0.18	1.09	7.92	16.88	0.02	0.64	0.03	0.04	67.51	0.03	0.01
灌木林 特灌林	0.16	<0.01	<0.01	<0.01	0.01	<0.01	<0.01	<0.01	<0.01	0.01	0.02	<0.01	<0.01	<0.01	<0.01	0.10	<0.01	<0.01
非特灌林	116.13	0.05	0.02	0.25	1.65	0.26	0.01	0.18	1.09	7.91	16.86	0.02	0.64	0.03	0.04	67.41	0.03	0.01
合计	1092.54	2.07	0.56	14.12	61.31	4.61	0.16	3.06	11.09	114.74	270.53	437.96	6.76	0.25	0.43	869.07	0.35	0.15

之流失,一旦进入水库或者湿地,极有可能引发水体的富营养化,导致更为严重的生态灾难。同时,由于土壤侵蚀所带来的土壤贫瘠化,会使得人们加大肥料使用量,继而带来严重的面源污染,使其进入一种恶性循环。所以,森林生态系统的保育土壤功能对于保障生态环境安全具有非常重要的作用。综合来看,在秦皇岛的所有优势树种(组)中,柞树、经济林和油松的保育土壤功能最强,为秦皇岛市社会经济的发展提供重要保障。

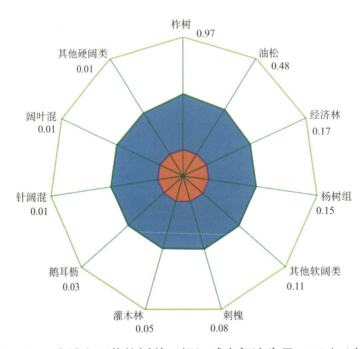

图 3-10　全域主要优势树种(组)减少氮流失量(万吨/年)

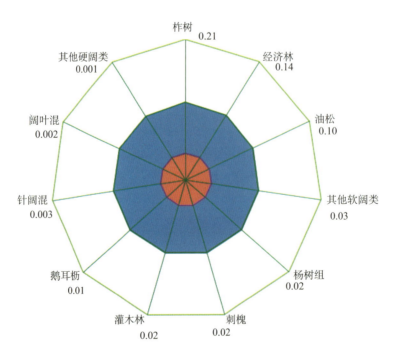

图 3-11　全域主要优势树种(组)减少磷流失量(万吨/年)

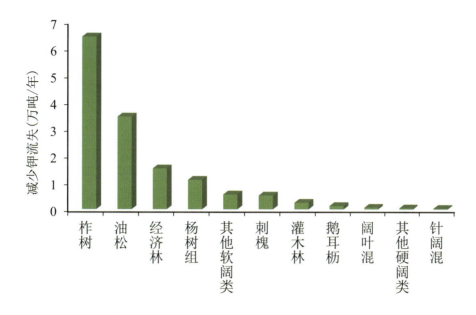

图3-12 全域主要优势树种（组）减少钾流失量

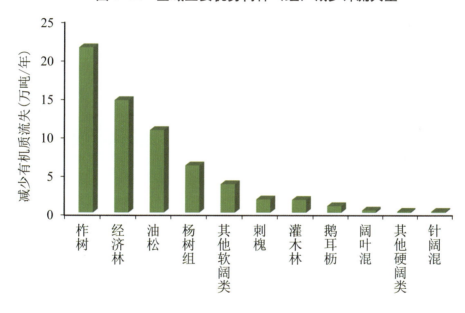

图3-13 全域主要优势树种（组）减少有机质流失量

（二）林木养分固持

根据英国学者的研究发现在林地覆盖率降低后，许多高地地区出现了严重的土壤灰化现象（UK National Ecosystem Assessment，2011），林木的养分固持功能有助于改善土壤养分流失。图3-14至图3-16为秦皇岛市主要优势树种（组）林木养分氮、磷、钾固持物质量，以柞树、经济林和油松氮固持量最大，这3种优势树种（组）年氮固持量分别占全市主要优势树种（组）林木养分固持总量的70.76%；其他软阔类、杨树组、灌木林、刺槐的氮固持量占全市林木氮固持量的25.72%；鹅耳枥、其他硬阔类、阔叶混和针阔混年氮固持量均在 0.1 万吨以下。年磷固持量前五的优势树种（组）分别为柞树、油松、经济林、其他软阔类和杨树组，年磷固持量均大于 0.01 万吨，占全市主要优势树种（组）林木磷固持总量的 87.87%；其他硬阔类、鹅耳枥、阔叶混和针阔混的磷固持量均小于 0.01 万吨/年。年钾固持量前五的优势树种（组）分别为柞树、经济林、其他软阔类、杨树组和油松，年钾固持量占全市主要优势树种（组）林木钾固持总量的 85.99%；鹅耳枥、阔叶混、其他硬阔类和针阔混的钾固持量均小于 0.10 万吨/年，这 3 个优势树种（组）仅占全市钾固持总量的 3.92%。从林木养分固持的过程可以看出，柞树、经济林、油松的林木养分固持能力较强，可以一定程度上减少因为水土流失而带来的养分损失，在其生命周期内，使得固定在体内的养分元素再次进入生物地球化学循环，极大地降低水库和湿地水体富营养化的可能性。

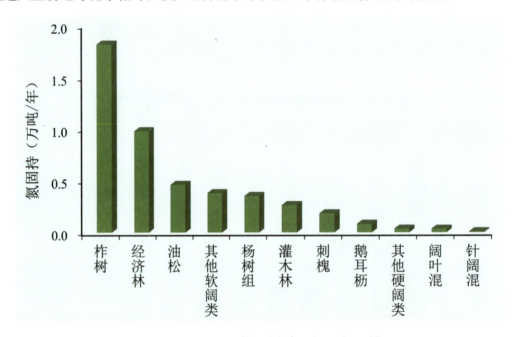

图 3-14　全域主要优势树种（组）氮固持量

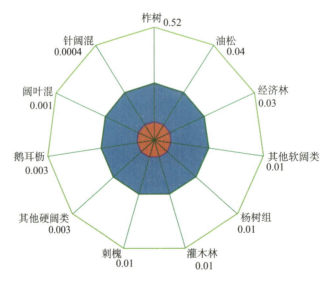

图 3-15　全域主要优势树种（组）磷固持量（万吨/年）

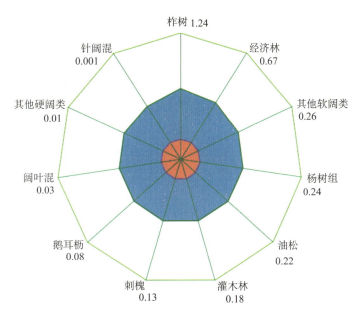

图 3-16　全域主要优势树种（组）钾固持量（万吨／年）

（三）涵养水源

秦皇岛市森林涵养水源最高的 3 种优势树种（组）分别为柞树、经济林和油松，涵养水源分别为 3.40 亿立方米／年、2.82 亿立方米／年和 1.81 亿立方米／年，这 3 个树种占全市涵养水源总量的 72.41%；最低的 3 种优势树种（组）为阔叶混、其他硬阔类和针阔混，这 3 种优势树种(组)年涵养水源均在 0.10 亿立方米以下，涵养水源量分别为 0.05 亿立方米／年、0.03 亿立方米／年和 0.01 亿立方米／年，仅占全市涵养水源总量的 0.84%（图 3-17）。涵养水源量最高的 3 种优势树种（组）涵养水源相当于全市水资源总量的 55.15%，这表明柞树、经济林和油松的涵养水源功能对于秦皇岛市的水资源安全起着非常重要的作用，可以为人们

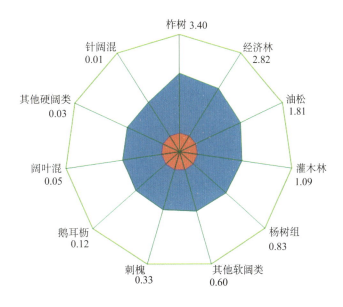

图 3-17　全域主要优势树种（组）调节水量（亿立方米／年）

的生产生活提供安全健康的水源地。这一方面是因为柞树、经济林和油松在秦皇岛市的分布面积较大，分别占全市森林面积的26.92%、29.69%和14.67%，面积合计占全市的70%以上；另一方面，是因为这些树种多位于北部山区，而北部地区是重要的水源地，对涵养水源和净化水质有重要作用。另外，许多重要的水库和湿地也位于上述柞树、经济林和油松种植密集的区域，森林生态系统的涵养水源功能可以保障水库和湿地的水资源供给，为人们的生产生活安全提供了一道绿色屏障。

（四）固碳释氧

森林的不断扩张（即在森林达到稳定状态之前）已被确定为是增加碳储量和减缓气候变化的手段；生长速度快的物种与土地质量更好的区域不仅固碳速度快，还可以迅速生产出可利用的木材（UK National Ecosystem Assessment，2011）。秦皇岛市各优势树种（组）中固碳量前三的是柞树、经济林和油松，占总固碳量的72.43%；其他软阔类、灌木林、杨树组、刺槐和鹅耳枥居中，年固碳量在之间1.73万～8.42万吨之间；最小为阔叶混、其他硬阔类和针阔混，年固碳量均在1万吨以下，占总固碳量的1.25%（图3-18）。秦皇岛市各优势树种（组）中释氧量最大的为柞树，占总释氧量的35.48%；其次为经济林和油松，分别占总释氧量的22.90%和14.21%；最小为针阔混，仅占总释氧量的0.22%（图3-19）。空气属于一种连续流通体，由于气体的扩散原理，空气污染物包括二氧化碳容易在浓度高的区域向低密度区域扩散，则秦皇岛市森林对汇集其他区域的二氧化碳的吸收和固定发挥着重要的作用。柞树、经济林和油松的固碳功能对于削减空气中二氧化碳浓度十分重要，这可为秦皇岛市的森林生态效益科学化补偿以及跨区域的生态效益科学化补偿提供基础数据。

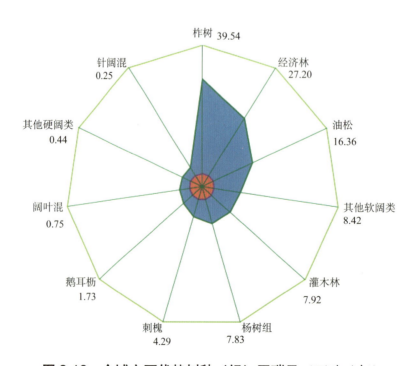

图3-18　全域主要优势树种（组）固碳量（万吨／年）

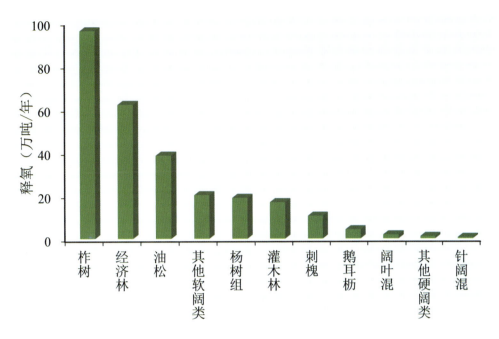

图 3-19　全域主要优势树种（组）释氧量

（五）净化大气环境

由图 3-20 可知，秦皇岛市主要优势树种（组）提供负离子量柞树最多，年提供负离子量 227.18×10^{22} 个，占全市主要优势树种（组）提供负离子总量的 51.87%；其次是油松和其他软阔类，年提供负离子量分别为 95.52×10^{22} 个和 43.32×10^{22} 个；最小的是经济林和灌木林，年提供负离子量分别为 0.39×10^{22} 个和 0.02×10^{22} 个，仅占全市主要优势树种（组）提供负离子总量的 0.09%。空气负离子具有杀菌、降尘、清洁空气的功效，被誉为"空气维生素与生

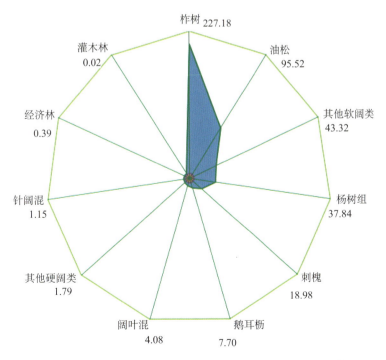

图 3-20　全域主要优势树种（组）提供负离子量（$\times 10^{22}$ 个/年）

长素"，对人体健康十分有益。随着生态康养的兴起及人们保健意识的增强，空气负离子作为一种重要的无形旅游资源已越来越受到人们的重视。因此，柞树、油松和其他软阔类生态系统所产生的空气负离子，对于提升秦皇岛市旅游资源质量具有十分重要的作用。

研究发现，在威尔士现有的城市树木每年吸收45兆～73兆吨的微粒和91兆～165兆吨的二氧化硫，这种污染吸收对健康的影响是显著的，它可以延缓死亡，预防因空气质量引起的住院治疗，这些益处可以通过在城市进一步植树来加强（UK National Ecosystem Assessment，2011）。森林生态系统能够清除空气中的污染物，从而降低局部地区的污染物浓度（UK National Ecosystem Assessment，2011）。由图3-21至图3-23为主要优势树种（组）吸收大气污染物物质量，秦皇岛市主要优势树种（组）以柞树、经济林和油松吸收二氧化硫量最多，吸收量分别为18259.19吨/年、16682.47吨/年、14057.80吨/年，占全市优势树种（组）吸收二氧化硫总量的74.47%；灌木林、杨树组、其他软阔类和刺槐吸收二氧化硫量居中，占全市主要优势树种（组）吸收二氧化硫总量的25.40%；鹅耳枥、阔叶混、其他硬阔类和针阔混吸收二氧化硫量最小，均在1000吨以下。秦皇岛市主要优势树种（组）以柞树、灌木林和经济林吸收氟化物的量最多，分别为957.76吨/年、333.93吨/年和316.15吨/年，占全市主要优势树种（组）吸收氟化物总量的64.52%；阔叶混、其他硬阔类和针阔混吸收氟化物量最少，分别为17.52吨/年、9.26吨/年和3.20吨/年，仅占全市主要优势树种（组）吸收氟化物总量的1.20%。秦皇岛市主要优势树种（组）以柞树、经济林和油松吸收氮氧化物的量最多，均在500吨/年以上，占全市主要优势树种（组）吸收氮氧化物总量的71.00%；鹅耳枥、阔叶混、其他硬阔类和针阔混吸收氮氧化物量最少，均在100吨/年以下，仅占全市主要优势树种（组）吸收氮氧化物总量的2.23%。

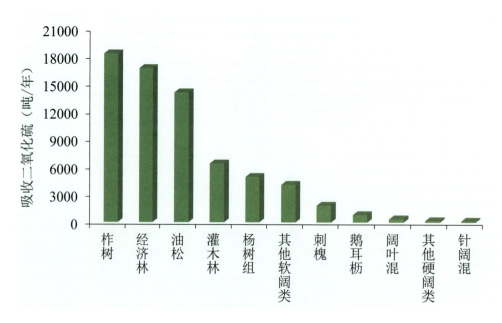

图3-21　全域主要优势树种（组）吸收二氧化硫量

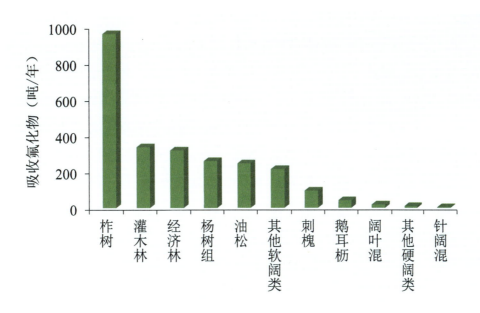

图 3-22　全域主要优势树种（组）吸收氟化物量

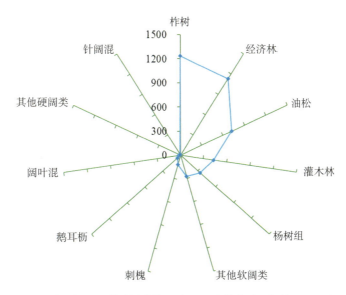

图 3-23　全域主要优势树种（组）吸收氮氧化物量（吨／年）

研究发现，在威尔士每年由于树木吸收可吸入颗粒物（粒径小于 10 微米的空气污染物）和二氧化硫，所避免的医疗成本为 124998 英镑（约合人民币 107.9 万元），所避免的呼吸系统疾病的住院时长为 11 天、住院费用为 602 英镑（约合人民币 5200 元）；2002 年，这一服务为威尔士创造的总价值为 4 万英镑（约合人民币 34.5 万元）（UK National Ecosystem Assessment，2011）。由图 3-24 至图 3-26 可知，主要优势树种（组）滞纳 TSP 量最大的为油松，占总滞纳 TSP 量的 35.62%；其次为柞树和经济林，分别占总滞纳 TSP 量的 22.76% 和 19.74%；最小为针阔混，占总滞纳 TSP 量的 0.19%。滞纳 PM_{10} 量最大的为柞树，占总滞纳 PM_{10} 量的 28.26%；其次为经济林和油松，分别占总滞纳 PM_{10} 量的 26.22% 和 16.40%；最小为针阔混,占总滞纳 PM_{10} 量的 0.18%。滞纳 $PM_{2.5}$ 量最大的为油松,占总滞纳 $PM_{2.5}$ 量的 30.48%;其次为柞树和经济林,分别占总滞纳 $PM_{2.5}$ 量的 25.69% 和 19.99%;最小为其他硬阔类,占总滞纳 $PM_{2.5}$ 量的 0.23%。《秦皇岛市 2018 年国民经济和社会发展统计公报》(秦皇岛市统计局,2019)显示,2018 年全市环境质量监测有效天数 361 天,达标天数 285 天,达标率为 78.9%;$PM_{2.5}$ 平均浓度比上年下降 13.6%;《河北省生态环境状况公报 2018》(河北省生态环境厅,2019)显示,2018 年秦皇岛市达到或优于Ⅱ级的优良天数及达标率排全省第一。空气质量呈现整体持续改善趋势,取得这样的结果离不开秦皇岛市不断深化区域大气污染防治协作机制,与京津冀区域合力推进淘汰落后产能、大力压减燃煤、发展清洁能源、控制工业和扬尘污染等重点减排措施,调控区域内空气中颗粒物含量(尤其是 $PM_{2.5}$),有效地遏制雾霾天气的发生。森林在治污减霾中发挥着极其重要作用,有效地消减了空气中颗粒物含量,维护了良好的空气环境,提高了区域内森林旅游资源的质量。

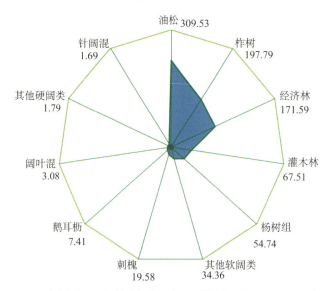

图 3-24 全域主要优势树种(组)滞纳 TSP 量(万吨/年)

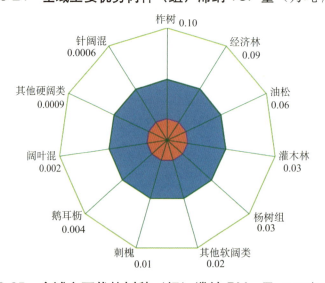

图 3-25 全域主要优势树种(组)滞纳 PM_{10} 量(万吨/年)

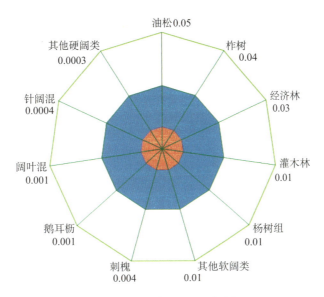

图 3-26　全域主要优势树种（组）滞纳 $PM_{2.5}$ 量（万吨/年）

第二节　全域森林生态系统服务功能价值量

生态系统核算的目的是通过对生态系统本身以及它为社会、经济和人类活动所提供服务的调查来评估生态环境，但如何进行生态服务的核算，仍然存在很多有待研究的问题。为此，SEEA—2012 特别编制了《SEEA 试验性生态系统核算》（United Nations，2012），作为附属于正文的补充文献，试图对生态系统及其服务的核算提供初步的方法论支持。此文献可视为衡量经济与环境之间关系统计标准的尝试，核算框架主要包含揭示生态系统及生态系统服务，直观地测量出生态系统内部、不同生态系统之间以及生态系统与环境、经济和社会之间的相互关系。因此，SEEA 能够同时将许多难以量化估价的生态系统服务功能纳入到核算体系当中，如净化水质、净化大气环境、景观游憩和文化价值等。价值量评估是指从货币价值量的角度对秦皇岛市全域森林生态系统提供的生态服务功能价值进行定量评估。SEEA 生态系统试验账户针对不同生态系统服务货币价值评估，也提供了一些建议的定价方法，主要包括以下几种：①单位资源租金定价法（pricing using the unit resource rent）；②替代成本方法（replacement cost methods）；③生态系统服务付费和交易机制（paymentsfor ecosystem services and trading schemes）。在森林生态系统服务功能价值量评估中，主要采用等效替代原则，并用替代品的价格进行等效替代核算某项评估指标的价值量（SEEA，2003）。同时，在具体选取替代品的价格时应遵守权重当量平衡原则，考虑计算所得的各评估指标价值量在总价值量中所占的权重，使其保证相对平衡。

等效替代法是当前生态环境效益经济评价中最普遍采用的一种方法，是生态系统功能物质量向价值量转化的过程中，在保证某评估指标生态功能相同的前提下，将实际的、复杂的的生态问题和生态过程转化为等效的、简单的、易于研究的问题和过程来估算生态系统各项功能价值量的研究和处理方法。

权重当量平衡原则是指生态系统服务功能价值量评估过程中，当选取某个替代品的价格进行等效替代核算某项评估指标的价值量时，应考虑计算所得的各评估指标价值量在总价值量中所占的权重，使其保持相对平衡。

一、森林生态系统服务功能总价值量

全域森林生态系统服务功能价值量见表 3-3，全域森林生态系统服务功能各项价值比例如图 3-27。森林生态系统服务功能总价值量为 412.76 亿元／年，占总价值量比例最大的是涵养水源（40.25%），其次是固碳释氧（13.16%），第三是生物多样性保护（12.16%），最低的是森林康养（2.02%）。

表 3-3　全域森林生态系统服务功能价值量

服务类别	功能类别	指标		价值量（亿元/年）	合计（亿元/年）
支持服务	保育土壤	固土		12.08	28.59
		减少氮流失		3.70	
		减少磷流失		0.93	
		减少钾流失		6.50	
		减少有机质流失		5.39	
	林木养分固持	氮固持		8.23	9.90
		磷固持		0.27	
		钾固持		1.40	
调节服务	涵养水源	调节水量		114.00	166.12
		净化水质		52.12	
	固碳释氧	固碳		12.44	54.32
		释氧		41.89	
	净化大气环境	提供负离子		0.48	31.20
		吸收气体污染物	吸收二氧化硫	3.59	
			吸收氟化物	0.16	
			吸收氮氧化物	0.23	

(续)

服务类别	功能类别	指标	价值量（亿元/年）	合计（亿元/年）
调节服务	净化大气环境	滞纳TSP	26.06	31.20
		滞纳PM_{10}	0.48	
		滞纳$PM_{2.5}$	0.20	
	森林防护	海岸防护	30.36	30.36
供给服务	生物多样性保护	物种保育	50.20	50.20
	林木产品供给	木材产品	0.21	33.74
		非木材产品	33.53	
文化服务	森林康养	森林康养	8.32	8.32
		总计		412.76

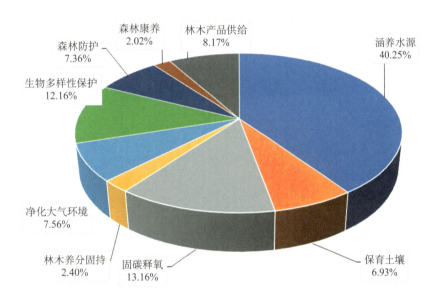

图3-27 全域森林生态系统服务功能各项价值比例

二、主要优势树种（组）生态系统服务功能价值量

全域主要优势树种（组）9项功能总价值量见表3-4，由于森林防护功能、林木产品供给功能和森林康养功能全市进行测算，不区分优势树种（组），故除上述3项功能类别，主要优势树种（组）保育土壤、林木养分固持、涵养水源、固碳释氧、净化大气环境和生物多样性保护6项服务功能总价值量合计为栎树（109.44亿元/年）、经济林（76.90亿元/年）、油松（60.94亿元/年）、灌木林（28.25亿元/年）、杨树组（25.54亿元/年）、其他软阔类（20.90亿元/年）、刺槐（10.73亿元/年）、鹅耳枥（4.21亿元/年）、其他硬阔类（1.03亿元/年）、阔叶混（1.76亿元/年）、针阔混（0.64亿元/年）。栎树和油松是秦皇岛市主要的造林树种，其分布面积较大，则其生态系统服务价值量较高，为全市森林生态系统服务价值的发挥做出了重要贡献。

表 3-4 全域主要优势树种（组）生态系统服务功能价值量结果

优势树种（组）		支持服务（亿元/年）		调节服务（亿元/年）				供给服务（亿元/年）		文化服务（亿元/年）	合计（亿元/年）
		保育土壤	林木养分固持	涵养水源	固碳释氧	净化大气环境	森林防护	生物多样性保护	林木产品供给	森林康养	
栎树		10.69	3.90	51.00	19.15	7.46		17.23			109.44
油松		5.40	0.99	27.11	7.72	10.33		9.39			60.94
针阔混		0.07	0.02	0.19	0.12	0.06		0.18			0.64
其他软阔类		1.53	0.82	9.05	4.04	1.36		4.11			20.90
其他硬阔类		0.08	0.07	0.44	0.21	0.07		0.15			1.03
杨树组		2.10	0.76	12.39	3.78	2.03		4.49			25.54
鹅耳枥		0.34	0.19	1.80	0.84	0.29		0.76			4.21
刺槐		0.89	0.40	4.90	2.09	0.74		1.71			10.73
阔叶混		0.13	0.08	0.75	0.36	0.12		0.31			1.76
经济林		5.71	2.11	42.17	12.54	6.28		8.10			76.90
灌木林	小计	1.66	0.57	16.31	3.47	2.47		3.77			28.25
	特灌林	<0.01	<0.01	0.02	<0.01	<0.01		0.01			0.04
	非特灌林	1.66	0.57	16.29	3.47	2.47		3.76			28.21
合计		28.59	9.90	166.12	54.32	31.20	30.36	50.20	33.74	8.32	412.76

注：森林防护、林木产品供给和森林康养功能以生态系统进行评估，不按照优势树种（组）评估。

（一）保育土壤

秦皇岛市优势树种（组）生态系统保育土壤功能价值量中，大小排序为柞树、经济林、油松、杨树组、灌木林、其他软阔类、刺槐、鹅耳枥、阔叶混、其他硬阔类和针阔混，其所占比重分别为 37.40%、19.97%、18.88%、7.34%、5.80%、5.34%、3.11%、1.17%、0.47%、0.27% 和 0.26 %（图 3-28）。森林生态系统防止水土流失的作用，大大降低了地质灾害发生的可能性；另一方面，在防止了水土流失的同时，还减少了随着径流进入到水库和湿地中的养分含量，降低了水体富营养化程度，保障了湿地生态系统的安全。所以，该区域的森林生态系统保育土壤功能对区域河流流域的水土保持具有重要意义。

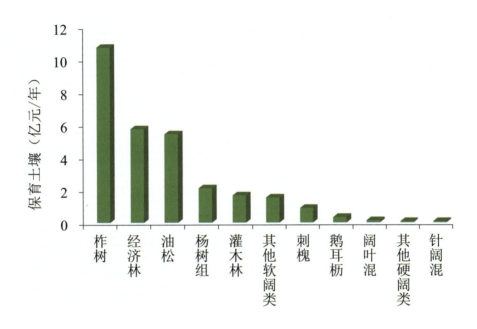

图 3-28　全域主要优势树种（组）保育土壤价值量

（二）林木养分固持

秦皇岛市优势树种（组）生态系统林木养分固持功能价值量中，大小排序为柞树、经济林、油松、其他软阔类、杨树组、灌木林、刺槐、鹅耳枥、阔叶混、其他硬阔类和针阔混，其所占比重分别为 39.42%、21.27%、9.99%、8.27%、7.67%、5.74%、4.02%、1.93%、0.79%、0.74% 和 0.15 %（图 3-29）。从森林生态系统物质循环过程可以看出，林木养分固持功能能够将土壤中的部分养分暂时存储在林木体内，通过枯枝落叶和根系周转的方式再回归到土壤中，这样能够降低因为水土流失造成的土壤养分的损失量。

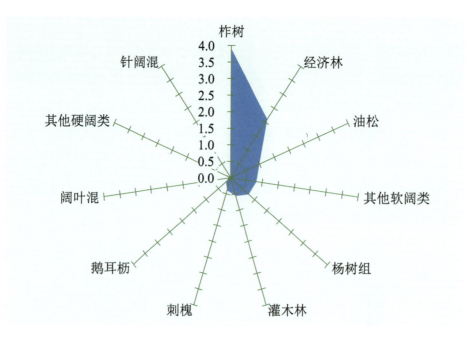

图 3-29　全域主要优势树种（组）林木养分固持价值量（亿元／年）

（三）涵养水源

在英国的一项研究表明河岸植被的变化和水源量和水质的改善之间存在明显的联系，植被的增加明显涵养了水源且改善了水质（UK National Ecosystem Assessment，2011）。秦皇岛市优势树种（组）生态系统涵养水源功能价值量中，大小排序为柞树、经济林、油松、灌木林、杨树组、其他软阔类、刺槐、鹅耳枥、阔叶混、其他硬阔类和针阔混，其所占比重分别为 30.70%、25.39%、16.32%、9.82%、7.46%、5.45%、2.95%、1.08%、0.45%、0.27% 和 0.11%（图 3-30）。水利设施建设需要占据一定面积的土地，往往会改变土地利用类型，无论是占据哪一类土地类型，均对社会造成不同程度的影响。另外，建设水利设施还存在使用年限和一定危险性。随着使用年限的延伸，水利设施内会淤积大量的淤泥，降低了使用寿命，并且还存在崩塌的危险，对人民群众的生产生活造成潜在的威胁。所以利用和提高森林生态系统涵养水源功能，可以减少相应的水利设施建设，将一些潜在的危险性降到最低。

（四）固碳释氧

大气中二氧化碳的增加会对植物生长产生影响，可能会降低植物蛋白含量（UK National Ecosystem Assessment，2011）。秦皇岛市优势树种（组）生态系统固碳释氧功能价值量中，大小排序为柞树、经济林、油松、其他软阔类、杨树组、灌木林、刺槐、鹅耳枥、阔叶混、其他硬阔类和针阔混，其所占比重分别为 35.25%、23.08%、14.22%、7.43%、6.95%、6.39%、3.85%、1.55%、0.67%、0.39% 和 0.22%（图 3-31）。评估结果显示，柞树、经济林、油松和其他软阔类固碳量达到 91.23 万吨／年，若是通过工业减排的方式减少等量的碳排放，所投入的费用高达307.87亿元，由此可以看出森林生态系统固碳释氧功能的重要作用。

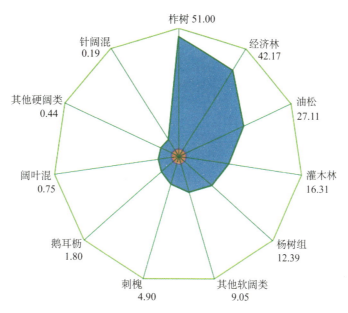

图3-30　全域主要优势树种（组）涵养水源价值量（亿元/年）

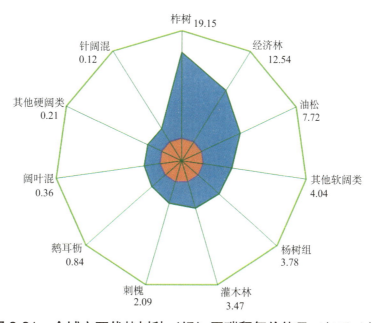

图3-31　全域主要优势树种（组）固碳释氧价值量（亿元/年）

（五）净化大气环境

树木是大气污染物的有效清除剂，树木可以吸收污染物，也可将污染物吸附到树叶和树皮表面（UK National Ecosystem Assessment，2011）。秦皇岛市优势树种（组）生态系统净化大气环境功能价值量中，大小排序为油松、柞树、经济林、灌木林、杨树组、其他软阔类、刺槐、鹅耳枥、阔叶混、其他硬阔类和针阔混，其所占比重分别为33.11%、23.92%、20.12%、7.92%、6.51%、4.36%、2.36%、0.92%、0.38%、0.22%和0.19%（图3-32）。可见，油松、柞树和经济林在净化大气环境方面的能力强于其他树种。虽然柞树和经济林的面积均大于油松,但是油松的净化大气环境价值却是柞树和经济林的1.38倍和1.65倍,这是因为油松作为针叶树其吸收气体污染物和滞尘能力强于阔叶树,柞树虽然面积是油松的2倍,但吸收气体污染物和滞尘能力均弱于油松(UK National Ecosystem Assessment, 2011;牛香等,2017)。另外,森林在大气生态平衡中起着"除污吐新"的作用,植物通过叶片拦截、富集和吸收污染物质,提供负离子和萜烯类物质等,改善大气环境。

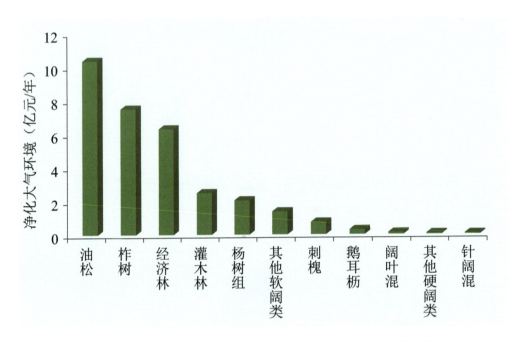

图3-32 全域主要优势树种(组)净化大气环境价值量

(六)生物多样性保护

秦皇岛市山区属燕山山脉,植被完好,保存古树较多,古树在非林地地区、开放式公园、木材牧场中很常见,这些古树通常有几百年的历史,不仅是过去土地管理的证据,而且还为稀有物种和特化物种提供栖息地(UK National Ecosystem Assessment, 2011)。秦皇岛市优势树种(组)生态系统生物多样性保育功能价值量中,大小排序为柞树、油松、经济林、杨树组、其他软阔类、灌木林、刺槐、鹅耳枥、阔叶混、针阔混和其他硬阔类,其所占比重分别为34.33%、18.70%、16.13%、8.95%、8.18%、7.50%、3.41%、1.51%、0.62%、0.36%和0.30%(图3-33)。可见,柞树、杨树组、其他软阔类的生物多样性保护价值远高于其他树种,这是因为阔叶林地保护了许多益于林地生物多样性的物种,这与英国学者对英国南部大部分泛洪平原地区的森林阔叶林地易于增加生物多样性的研究结果一致(UK National Ecosystem Assessment, 2011)。秦皇岛市国家珍稀濒危植物共有11种,占河北省珍稀濒危植物种类的73.3%。目前为保护珍贵的动植物资源及景观地貌,秦皇岛市共设立了海滨国家森林公园、山海关国家森林公园、昌黎黄金海岸国家级自然保护区、柳江盆地地质遗迹自然保护区自然保护地等多处保护地，为生物多样性保护工作提供了坚实的基础。

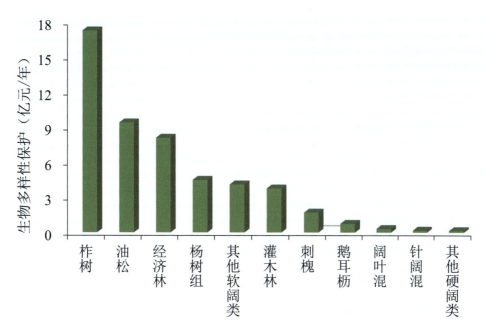

图 3-33　全域主要优势树种（组）生物多样性保护价值量

第四章
秦皇岛市国有林场森林生态系统服务功能

优质生态产品是最普惠的民生福祉，是维系人类生存发展的必需品，森林生态系统产生的服务也是最普惠的民生福祉；生态产品价值实现的过程，就是将生态产品所蕴含的内在价值转化为经济效益、社会效益和生态效益的过程（自然资源部办公厅，2020）。依据国家标准《森林生态系统服务功能评估规范》（GB/T 38582—2020），本章将对秦皇岛市国有林场森林生态系统服务功能的物质量和价值量开展评估研究，进而揭示国有林场森林生态系统服务的特征。

第一节 国有林场森林生态系统服务功能物质量

一、国有林场森林生态系统服务功能总物质量

SEEA 生态系统实验账户阐述了一种可用于探索和支撑生态系统核算的框架体系，以促进各方生态系统核算试验经验交流。经过多年的研究，实验账户框架得到了大量的例证支持，越来越多的事实证明国家尺度上的生态系统核算是可以实现的。生态系统核算体现了以下主要原则：首先是生态系统服务的核心原则，即自然资源管理应该体现在生态系统层面，而不是物种层面。其次是生态经济的核心原则，即生态经济作为生态系统的一个子系统，其经济产出也依赖生态系统的保护。第三是自然资源核算的核心原则，即在国家经济系统层面，记录经济活动和经济存量评估中相应的存量及其变化。以上原则之间相互联系，通过生态系统服务、生态经济、自然资源核算，可以反映出生态系统意义和各部分之间的相互关联。秦皇岛国有林场面积 35005.63 公顷，分为 7 大林场，柞树为主要优势树种，面积较大，森林景观的破碎度较低，聚合度较高，多呈带状和片状分布，沿海林场森林面积较少，祖山林场和都山林场面积较大。依据国家标准《森林生态系统服务功能评估规范》（GB/T 38582—2020）和 SEEA 对国有林场森林生态系统服务功能物质量进行评估，结果见表 4-1。

第四章 秦皇岛市国有林场森林生态系统服务功能

表 4-1 国有林场森林生态系统服务功能物质量

	支持服务							调节服务									
	保育土壤				林木养分固持(吨/年)			涵养水源(万立方米/年)	固碳释氧(万吨/年)		提供负离子($\times 10^{22}$个/年)	净化大气环境					
	固土(万吨/年)	保肥(吨/年)										吸收气体污染气体(吨/年)			滞尘		
林场		减少氮流失	减少磷流失	减少钾流失	减少有机质流失	氮固持	磷固持	钾固持	调节水量	固碳	释氧		吸收二氧化硫	吸收氟化物	吸收氮氧化物	滞纳TSP(万吨/年)	滞纳PM_{10}(吨/年)	滞纳$PM_{2.5}$(吨/年)
渤海林场	1.13	24.31	4.44	167.49	923.26	59.24	1.79	40.09	140.84	0.14	0.33	0.55	89.64	4.50	5.97	1.01	4.54	1.83
都山林场	15.60	385.30	76.81	2315.12	7814.82	686.05	20.14	466.65	1563.84	1.50	3.65	9.00	772.15	39.64	51.85	9.01	41.72	16.70
海滨林场	2.11	45.16	8.22	304.13	1691.52	116.23	3.42	79.02	254.99	0.26	0.64	1.45	164.11	8.43	11.02	1.98	8.20	3.65
平市庄林场	6.27	158.40	34.45	1068.96	3654.09	272.13	10.31	176.27	713.76	0.66	1.59	2.24	433.58	17.41	26.81	5.38	19.04	10.23
山海关林场	11.10	250.58	58.74	1624.44	6372.38	562.82	27.78	348.46	1252.33	1.26	2.99	3.53	845.70	31.30	51.12	10.58	38.31	18.42
团林林场	8.55	189.53	35.72	1296.01	5483.77	490.89	14.11	337.99	1105.97	1.12	2.72	4.36	637.47	33.39	43.15	6.73	32.62	12.63
祖山林场	19.29	456.23	93.79	2768.75	10425.88	886.30	30.10	643.74	1979.67	2.00	4.83	10.66	1078.76	48.09	68.98	14.20	55.39	26.96
总计	64.04	1509.52	312.16	9544.90	36365.71	3073.66	107.65	2092.22	7011.39	6.94	16.75	31.79	4021.41	182.75	258.90	48.88	199.81	90.42

(一)保育土壤

为保护土壤免受侵蚀和其他物理变化(硬化、板结等)而采取的活动和措施,包括旨在恢复土壤的保护性植被的方案(SEEA,2012)。秦皇岛市国有林场森林生态系统固土总物质量及占全市森林生态系统固土总物质量的百分比如图4-1。祖山林场、都山林场和山海关林场的森林生态系统固土物质量占7个林场固土总物质量的71.80%,这与3个林场森林面积较大有关,而且祖山林场和都山林场均位于青龙满族自治县境内,森林生态系统的固土作用能够有效地延长该县内水库的使用寿命,为本区域社会、经济发展提供了重要保障。

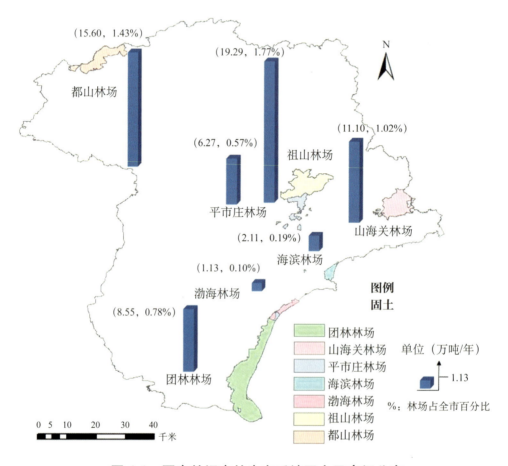

图4-1 国有林场森林生态系统固土量空间分布

土壤具有支持植物最佳生长所需的数量、形态和提供营养元素的潜力(UK National Ecosystem Assessment,2011)。秦皇岛市国有林场森林生态系统减少氮、磷、钾和有机质流失总量分别为1509.52吨/年、312.16吨/年、9544.90吨/年、36365.71吨/年,减少氮、磷、钾和有机质流失总量总计为47732.30吨/年,这相当于秦皇岛市2018年施用化肥使用量的15.48%(秦皇岛市农业局,2019)。国有林场森林生态系统减少氮、磷、钾和有机质流失总量和占全市森林生态系统减少氮、磷、钾和有机质流失总量比例如图4-2至图4-5。

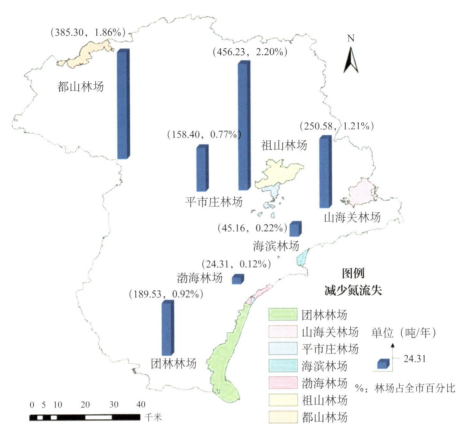

图 4-2　国有林场森林生态系统减少氮流失量空间分布

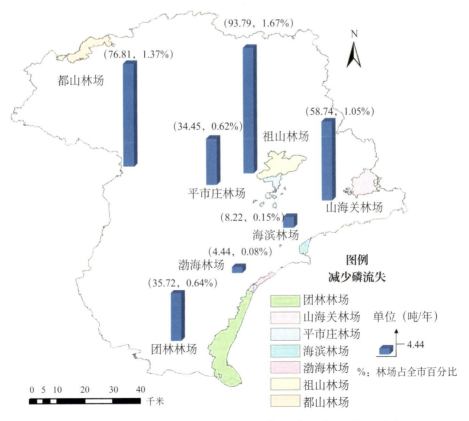

图 4-3　国有林场森林生态系统减少磷流失量空间分布

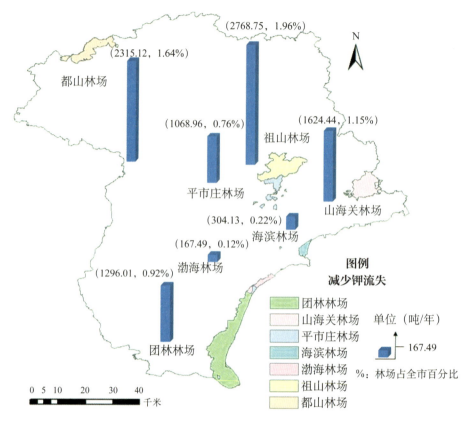

图 4-4　国有林场森林生态系统减少钾流失量空间分布

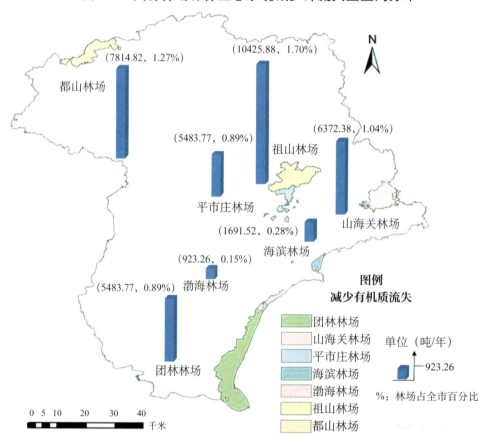

图 4-5　国有林场森林生态系统减少有机质流失量空间分布

北部地区的祖山林场、都山林场森林生态系统保肥量较高，而沿海地区的渤海林场和海滨林场森林生态系统保肥量最小，这与这些林场森林面积的大小有关，森林面积是生态系统服务强弱的最直接影响因子，森林面积越大的林场其森林生态系统的保肥量也越高。

(二) 林木养分固持

秦皇岛市国有林场森林生态系统林木养分氮固持总量为3073.66吨/年，各林场森林生态系统林木养分氮固持量及占全市森林生态系统氮固持量的比例如图4-6。秦皇岛市国有林场森林生态系统林木养分磷固持总量为107.65吨/年，各林场森林生态系统林木养分磷固持量及占全市森林生态系统氮固持量的比例如图4-7。秦皇岛市国有林场森林生态系统林木养分钾固持总量为2092.22吨/年，各林场森林生态系统林木养分钾固持量及占全市森林生态系统钾固持量的比例如图4-8。

林木养分固持量均表现为祖山林场、都山林场较高，山海关林场和团林林场居中，海滨林场和渤海林场较低的分布趋势，这是因为祖山林场和都山林场的森林面积较大，而海滨林场和渤海林场的森林面积较小；同时，林木养分固持还与生物量的周转率有关（UK National Ecosystem Assessment，2011），也说明北部山区林场森林的生物量周转率较快。

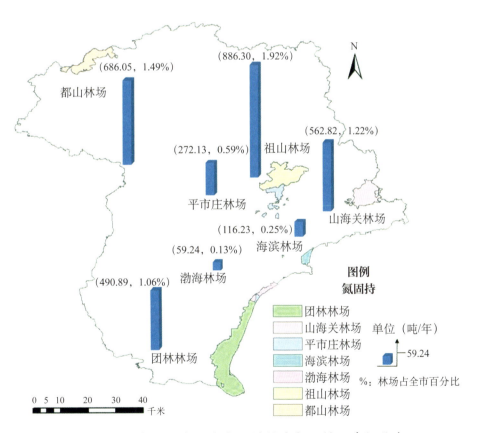

图4-6 国有林场森林生态系统林木氮固持量空间分布

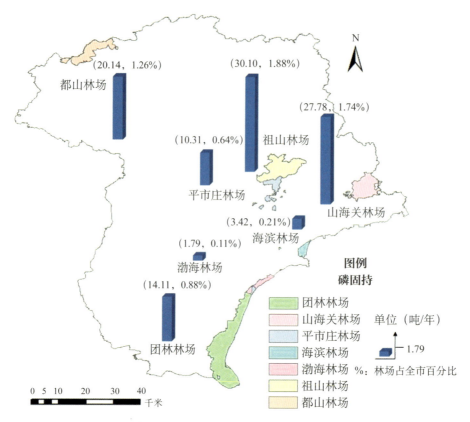

图 4-7　国有林场森林生态系统林木磷固持量空间分布

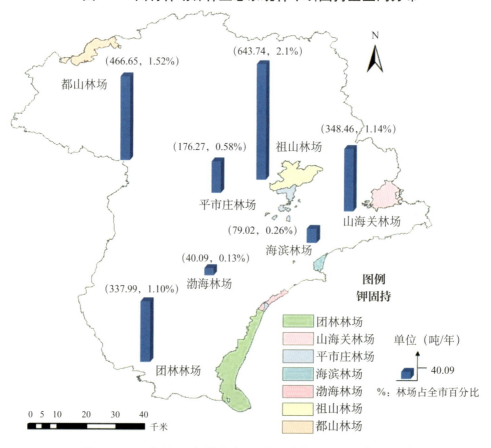

图 4-8　国有林场森林生态系统林木钾固持量空间分布

（三）涵养水源

森林生境对水质、水量的调节作用很大（UK National Ecosystem Assessment，2011）。秦皇岛市国有林场森林生态系统涵养水源总物质量为 7011.39 万立方米，相当于 2018 年秦皇岛市水资源总量的 4.81%（河北省水利厅，2019），也相当于洋河水库库容 3.86 亿立方米的 18.13%。可见，秦皇岛市国有林场森林生态系统正如一座绿色水库，对维护秦皇岛市的水资源安全具有重要作用。各林场森林生态系统涵养水源量及占全市森林生态系统调节水量的比例如图 4-9。位于北部的祖山林场和都山林场调节水量远高于其他林场，这一方面与这两个林场森林面积较大有关；另一方面，也因为北部地区是山区，境内有多座水库和多条河流经过，此区域降雨量也较大，可涵养的水源量较多。

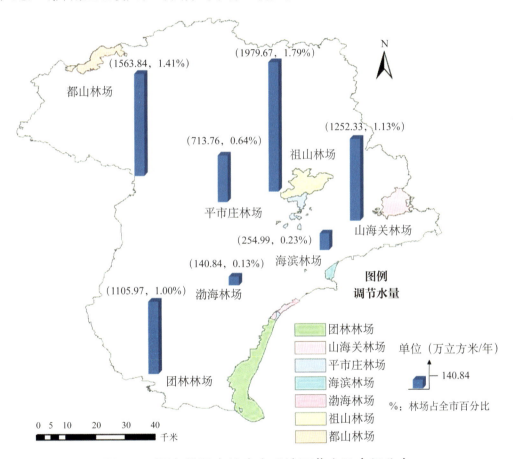

图 4-9　国有林场森林生态系统调节水量空间分布

（四）固碳释氧

森林的植被层和土壤层是很重要的碳库，随着林木的生长会变得更加重要。英国科学家研究发现 1990 年北爱尔兰 55% 的植被固碳是由仅占国土面积 5% 的森林生态系统提供的（不列颠是 80%）；相比之下，占国土面积 56% 的改良草地只提供了固碳总量的 17%（UK National Ecosystem Assessment，2011）。秦皇岛市国有林场森林生态系统固碳总物质量为 6.94 万吨/年，折合成二氧化碳需要乘以系数 3.67，所以国有林场森林固定二氧化碳量为 25.47

万吨/年。2018年全年规模以上工业企业综合能源消费量1290.97万吨标准煤，比2017年增长0.6%（秦皇岛市统计局，2019）。利用碳排放转换系数0.68（中国国家标准化管理委员会，2008）换算可知，秦皇岛市2018年碳排放量（CO_2）为3174.37万吨，秦皇岛市国有林场森林生态系统固碳总物质量相当于抵消了2018年全市碳排放量的0.80%。各林场森林生态系统固碳物质量及占全市森林生态系统固碳量比例如图4-10。

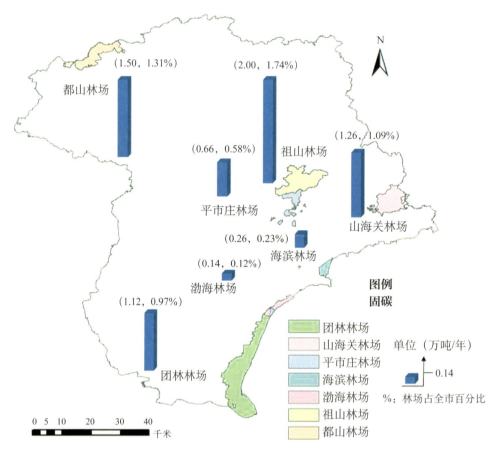

图4-10 国有林场森林生态系统固碳量空间分布

秦皇岛市国有林场森林生态系统释氧总物质量为16.75万吨/年，各林场森林生态系统释氧物质量占全市森林生态系统释氧量的比例如图4-11。北部地区的祖山林场、都山林场森林生态系统释氧量较大，其他林场森林生态系统释氧量较低，这与北部山区林场森林生态系统降雨充沛，森林质量较好有关。由于蓄积量与生物量存在定量关系，则蓄积量可以代表森林质量，祖山林场、都山林场的森林蓄积量较大，海滨林场和渤海林场的森林蓄积量较小。研究表明：生物量的高生长会带动其他森林生态系统服务功能项的增强，生态系统的单位面积生态功能的大小与该生态系统的生物量有密切关系，一般来说，生物量越大，生态系统功能越强。故北部山区林场由于较大的蓄积量，其固碳释氧功能较强。

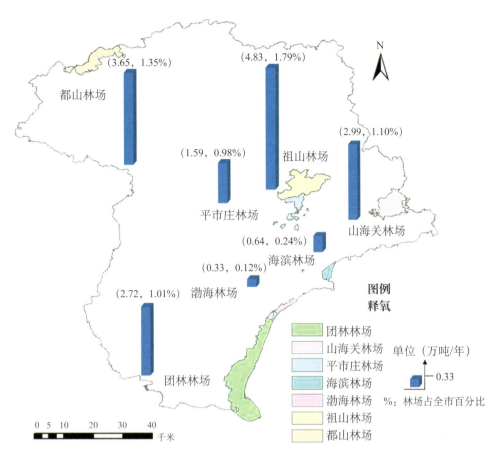

图 4-11 国有林场森林生态系统释氧量空间分布

(五) 净化大气环境

空气负离子能改善肺器官功能,增加肺部吸氧量,促进人体新陈代谢,激活肌体多种酶和改善睡眠,提高人体免疫力、抗病能力。随着生态旅游的兴起及人们保健意识的增强,空气负离子作为一种重要的旅游资源已越来越受到人们的重视。秦皇岛市国有林场森林生态系统年提供负离子物质量及占全市森林生态系统提供负离子量的比例如图4-12,北部山区的祖山林场和都山林场森林生态系统提供负离子量较高,原因如下:第一,祖山林场和都山林场海拔相对较高,海拔高容易受到宇宙射线的影响,负离子的浓度增加明显;第二,祖山林场和都山林场水文条件优越,区内水库较多,水源条件好的区域其产生负离子也会越多;第三,因为祖山林场和都山林场森林面积最大,大量树木存在"尖端放电",产生的电荷使空气发生电离从而增加更多负离子。从评估结果可以看出,北部山区林场森林生态系统产生负离子量最多,具有较高的旅游资源潜力。

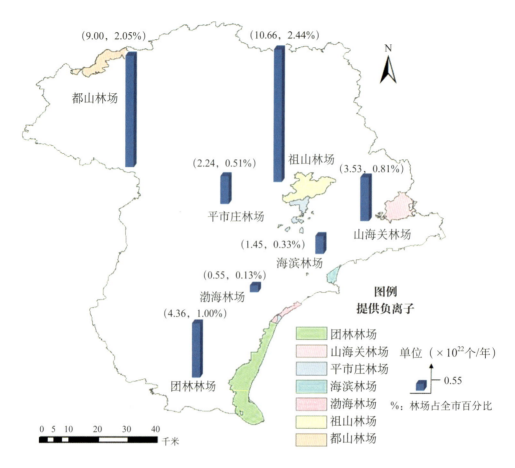

图 4-12　国有林场森林生态系统提供负离子量空间分布

植物叶片具有吸附、吸收污染物或阻碍污染物扩散的作用，这种作用通过两种途径来实现：一是通过叶片吸收大气中的有害物质，降低大气有害物质的浓度；二是将有害物质在体内分解，转化为无害物质后代谢利用。二氧化硫是城市的主要污染物之一，对人体健康以及动植物生长危害比较严重。同时硫元素还是树木体内氨基酸的组成成分，也是林木所需要的营养元素之一（牛香等，2017）。秦皇岛市国有林场森林生态系统吸收二氧化硫总物质量为 4021.41 吨 / 年，相当于燃烧 25.13 万吨标准煤排放的二氧化硫量。可见，秦皇岛国有林场森林生态系统对吸收空气中二氧化硫作用显著。各林场森林生态系统吸收二氧化硫及占全市森林生态系统吸收二氧化硫量的比例如图 4-13。

氮氧化物、氟化物是大气污染的重要组成部分，它会破坏臭氧层，从而改变紫外线到达地面的强度。另外，酸雨对生态环境的影响已经广为人知，而大气氮氧化物是酸雨产生的重要来源。秦皇岛市国有林场森林生态系统吸收氮氧化物功能，在一定程度上降低了酸雨发生的可能性。秦皇岛市国有林场森林生态系统吸收氟化物总物质量为 182.75 吨 / 年，各林场森林生态系统吸收氟化物及占全市森林生态系统吸收氟化物量的比例如图 4-14。

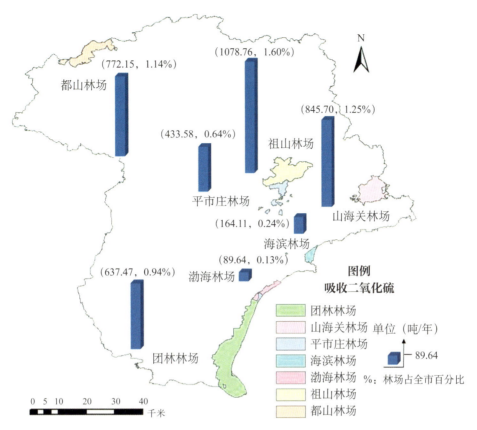

图 4-13 国有林场森林生态系统吸收二氧化硫量空间分布

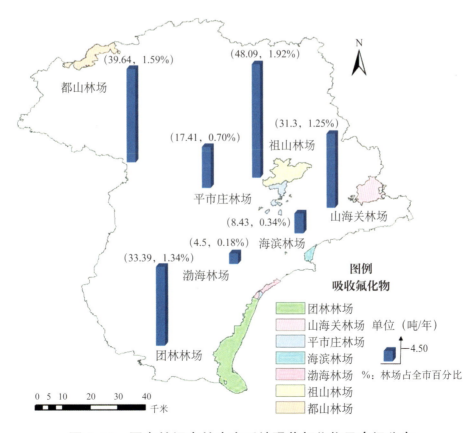

图 4-14 国有林场森林生态系统吸收氟化物量空间分布

秦皇岛市国有林场森林生态系统吸收氮氧化物总物质量为 258.90 吨/年，相当于秦皇岛市 2017 年氮氧化物排放量 8.3 万吨的 0.31%（https://energy.cngold.org）；各林场森林生态系统吸收氮氧化物量及占全市森林生态系统吸收氮氧化物量的比例如图 4-15。

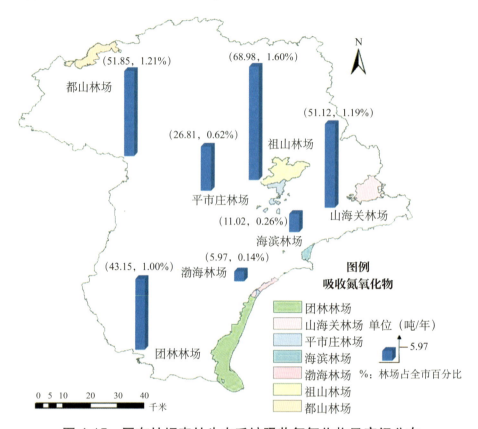

图 4-15 国有林场森林生态系统吸收氮氧化物量空间分布

秦皇岛市国有林场森林生态系统滞纳 TSP 总物质量为 48.88 万吨/年，是全市 2017 年烟（粉）尘排放量的 2.88 倍（https://energy.cngold.org），各林场森林生态系统滞纳 TSP 量及占全市森林生态系统滞纳 TSP 量的比例如图 4-16。

秦皇岛市国有林场森林生态系统滞纳 PM_{10} 总物质量为 199.81 吨/年，各林场森林生态系统滞纳 PM_{10} 量及占全市森林生态系统滞纳 PM_{10} 量的比例如图 4-17。

秦皇岛市国有林场森林生态系统滞纳 $PM_{2.5}$ 总物质量为 90.42 吨/年，各林场森林生态系统滞纳 $PM_{2.5}$ 量及占全市森林生态系统滞纳 $PM_{2.5}$ 量的比例如图 4-18。

第四章 秦皇岛市国有林场森林生态系统服务功能

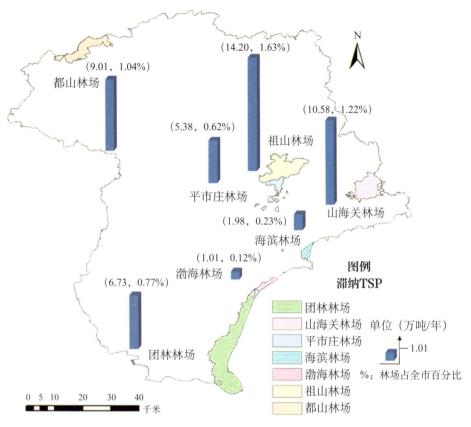

图 4-16 国有林场森林生态系统滞纳 TSP 量空间分布

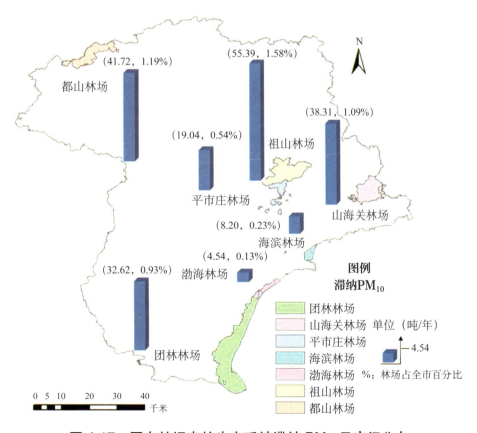

图 4-17 国有林场森林生态系统滞纳 PM_{10} 量空间分布

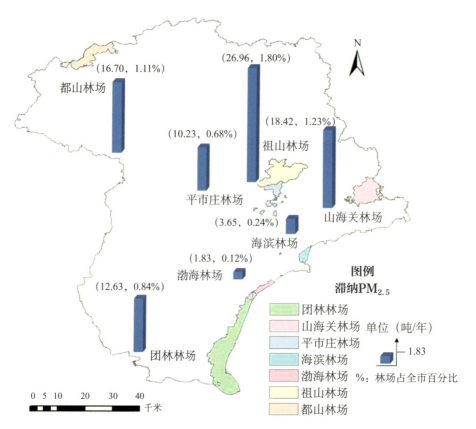

图 4-18　国有林场森林生态系统滞纳 $PM_{2.5}$ 量空间分布

二、主要优势树种（组）生态系统服务功能物质量

本研究根据森林生态系统服务功能评估公式，并基于秦皇岛市国有林场森林资源数据，依据中华人民共和国国家标准《森林生态系统服务功能评估规范》（GB/T 38582—2020）测算了主要优势树种（组）生态系统服务功能的物质量，结果如表 4-2 所示。

（一）保育土壤

通过增加植被、停止使用化肥能够促进土壤中微生物群落的形成及更多营养元素的利用，这有助于减少植物在生产过程中造成土壤养分的迅速流失（UK National Ecosystem Assessment, 2011）。柞树、油松、杨树组的固土量排前三位，年固土量分别为 32.10 万吨/年、9.06 万吨/年、6.18 万吨/年，占国有林场固土总量的 73.93%；最低的 3 种优势树种（组）为其他硬阔类、针阔混和经济林，分别为 0.93 万吨/年、0.22 万吨/年和 0.08 万吨/年，仅占国有林场固土总量的 1.92%（图 4-19）。柞树、油松、杨树组这 3 个优势树种（组）大部分集中在秦皇岛市的北部山区和东部地区。土壤侵蚀与水土流失现已成为人们共同关注的生态环境问题，他不仅导致表层土壤随地表径流流失，切割蚕食地表，而且径流携带的泥沙又会淤积阻塞江河湖泊，抬高河床，增加了洪涝的隐患。柞树、油松、杨树组固土功能的作用体现在防治水土流失方面，对于维护秦皇岛市北部地区饮用水的生态安全意义重大。

表4-2 国有林场主要优势树种（组）生态系统服务物质量评估

优势树种（组）	支持服务							调节服务										
	保育土壤						林木养分固持（吨/年）			涵养水源（万立方米/年）调节水量	固碳释氧（万吨/年）		提供负离子（×10^20 个/年）	净化大气环境						
	固土（万吨/年）	保肥（吨/年）					氮固持	磷固持	钾固持		固碳	释氧		吸收气体污染物（吨/年）				滞尘		
		减少氮流失	减少磷流失	减少钾流失	减少有机质流失									吸收二氧化硫	吸收氟化物	吸收氮氧化物	滞纳TSP（万吨/年）	滞纳PM_{10}（吨/年）	滞纳PM_{2.5}（吨/年）
杨树组	6.18	129.92	17.46	927.71	5406.00	318.54	9.16	220.33	840.04	0.71	1.70	309.33	492.33	25.82	33.32	5.34	24.44	9.49
柞树	32.10	819.57	165.20	5040.92	16751.15	1495.97	43.01	1021.00	3278.66	3.26	7.90	1768.76	1648.16	86.45	111.55	17.83	88.47	33.51
油松	9.06	236.37	47.92	1644.34	5079.22	235.57	19.50	112.31	1058.07	0.84	1.96	378.37	781.21	13.62	39.86	15.70	31.38	28.66
白桦	2.12	33.53	9.49	155.46	1034.49	111.80	3.21	76.30	208.22	0.25	0.59	132.39	129.01	6.77	8.73	1.03	7.01	2.05
鹅耳枥	2.93	52.76	16.42	269.02	1790.10	184.43	5.68	175.86	302.99	0.38	0.92	101.73	188.04	9.86	12.73	1.43	8.84	2.55
刺槐	5.52	128.97	29.07	855.52	2842.91	345.38	9.93	235.72	659.03	0.80	1.96	303.74	386.26	20.26	26.14	4.07	20.18	8.16
阔叶混	2.57	43.05	7.20	291.85	1489.82	193.40	5.91	175.56	277.67	0.38	0.93	141.97	172.48	9.00	11.65	1.40	8.24	2.53
其他硬阔类	0.93	19.69	4.28	130.62	434.04	126.84	9.26	34.83	110.97	0.15	0.37	35.43	66.75	3.50	4.52	0.54	3.34	0.95
针阔混	0.22	5.20	2.28	21.55	142.98	6.30	0.40	2.46	25.11	0.02	0.05	7.41	17.78	0.32	0.96	0.32	0.67	0.52
经济林	0.08	0.45	0.38	3.96	37.72	2.83	0.08	1.96	8.82	0.01	0.02	0.01	5.06	0.10	0.34	0.04	0.26	0.07
灌木林 小计	2.33	40.01	12.47	203.95	1357.28	52.59	1.51	35.89	241.81	0.16	0.03	0.03	134.34	7.05	9.09	1.17	6.98	1.92
灌木林 特灌林	0.10	1.78	0.58	9.08	60.48	2.36	0.07	1.61	10.69	0.01	<0.01	<0.01	6.46	0.34	0.44	0.07	0.33	0.11
灌木林 非特灌林	2.23	38.22	11.89	194.87	1296.80	50.23	1.44	34.28	231.12	0.15	0.03	0.03	127.88	6.71	8.65	1.11	6.65	1.81
合计	64.04	1509.52	312.16	9544.90	36365.71	3073.66	107.65	2092.22	7011.39	6.94	16.75	3179.17	4021.41	182.75	258.90	48.88	199.81	90.42

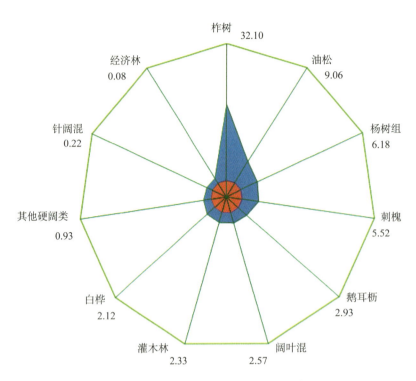

图 4-19　国有林场主要优势树种（组）固土量（万吨／年）

保肥物质量主要体现在减少土壤氮、磷、钾和有机质流失量，保肥量最高的 4 种优势树种（组）为柞树、油松、杨树组和刺槐，保肥量分别为 22776.83 吨／年、7007.84 吨／年、6481.09 吨／年和 3856.46 吨／年，这 4 个树种占国有林场保肥总量的 84.06%，其他树种年保肥量均低于 1.00 万吨；最低的 3 种优势树种（组）为其他硬阔类、针阔混和经济林，分别为 588.62 吨／年、172.00 吨／年和 42.51 吨／年，仅占国有林场保肥总量的 1.68%（图 4-20 至图 4-23）。伴随着土壤的侵蚀，大量的土壤养分也随之流失，一旦进入水库或者湿地，极有可能引发水体的富营养化，导致更为严重的生态灾难。由于土壤是碳和温室气体的储存库，所以土壤的损失会影响土壤肥力（UK National Ecosystem Assessment，2011）。国有林场森林生态系统的保育土壤功能对于保障生态环境安全具有非常重要的作用，可以通过增加固土减少土壤损失，进而提高土壤肥力。综合来看，在国有林场的所有优势树种（组）中，柞树、油松、杨树组和刺槐的保育土壤功能最大。

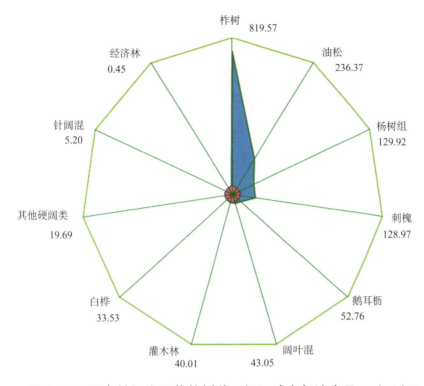

图 4-20　国有林场主要优势树种（组）减少氮流失量（吨／年）

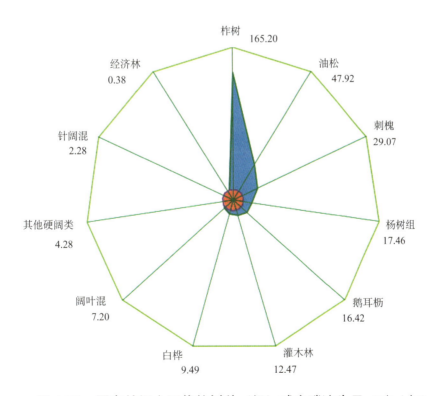

图 4-21　国有林场主要优势树种（组）减少磷流失量（吨／年）

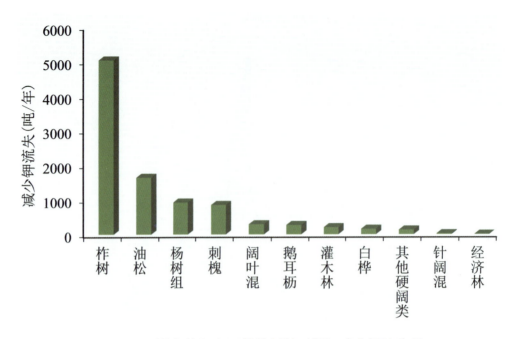

图 4-22 国有林场主要优势树种（组）减少钾流失量

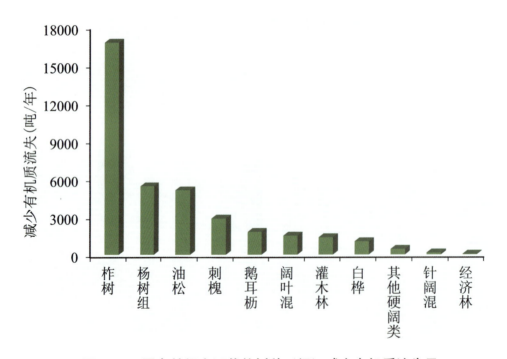

图 4-23 国有林场主要优势树种（组）减少有机质流失量

（二）林木养分固持

图 4-24 至图 4-26 为国有林场主要优势树种（组）林木养分氮、磷和钾固持量，均以柞树的林木养分固持量最大。柞树、刺槐和杨树组氮固持量最大，分别为 1495.97 吨/年、345.38 吨/年和 318.54 吨/年；灌木林、针阔混和经济林年氮固持量位于后三位，分别为 52.59 吨/年、6.30 吨/年和 2.83 吨/年，仅占国有林场优势树种（组）氮固持总量的 2.18%。

柞树、油松和刺槐的磷固持量最大，分别为43.01吨/年、19.50吨/年和9.93吨/年；灌木林、针阔混和经济林年磷固持量位于后三位，分别为1.51吨/年、0.40吨/年和0.08吨/年，仅占国有林场优势树种（组）磷固持总量的1.85%。年林木养分钾固持量最大的3个优势树种（组）为柞树、刺槐和杨树组，年钾固持量分别为1021.00吨/年、235.72吨/年和220.33吨/年，其他硬阔类、针阔混和经济林的年林木钾固持量最小，分别为34.83吨/年、2.46吨/年和1.96吨/年。这主要与优势树种（组）净生产力和对氮、磷、钾的富集作用有关。

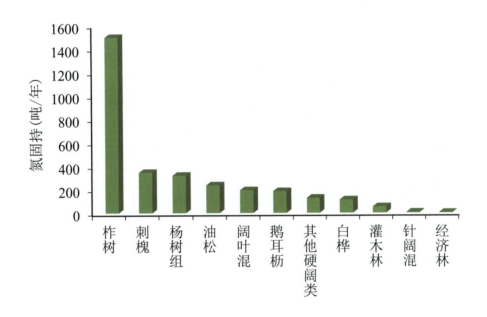

图 4-24　国有林场主要优势树种（组）氮固持量

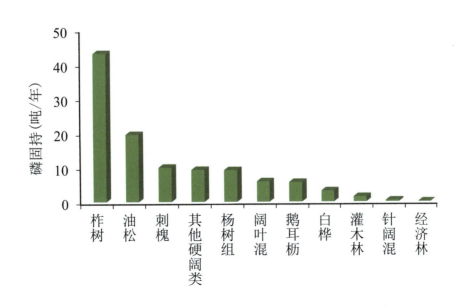

图 4-25　国有林场主要优势树种（组）磷固持量

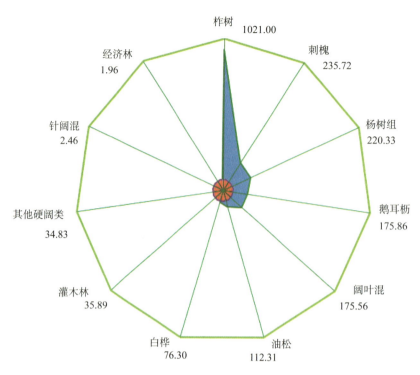

图 4-26 国有林场主要优势树种（组）钾固持量（吨／年）

（三）涵养水源

国有林场优势树种（组）生态系统涵养水源最高的 3 种为柞树、油松和杨树组，分别为 3278.66 万立方米／年、1058.07 万立方米／年和 840.04 万立方米／年，占国有林场涵养水源总量的 73.83%；最低的 3 种优势树种（组）为其他硬阔类、针阔混和经济林，涵养水源量分别为 110.97 万立方米／年、25.11 万立方米／年和 8.82 万立方米／年，仅占国有林场涵养水源总量的 2.07%（图 4-27）。可见，柞树、油松和杨树组的涵养水源功能对于秦皇岛市的水资源安全起着非常重要的作用，可以为人们的生产生活提供安全健康的水源地。另外，秦皇岛市许多重要的水库和湿地也位于上述柞树、油松和杨树种植密集的区域，为人们的生产生活安全提供了一道绿色屏障。

（四）固碳释氧

英国科学家研究表明生长高峰期的针叶林，每年可从大气中吸收约 24 吨二氧化碳／公顷，生产性针叶作物的净长期平均吸收值约为 14 吨二氧化碳／公顷／年；栎树林在生长高峰期，二氧化碳储存速率约为 15 吨／公顷／年，净长期平均二氧化碳吸收值约为 7 吨／公顷／年（UK National Ecosystem Assessment，2011）。由图 4-28 可知，柞树、油松和刺槐的固碳量最大，年固碳量分别为 3.26 万吨、0.84 万吨和 0.80 万吨，占国有林场主要优势树种（组）固碳总量的 70.42%；固碳量最低的 3 种优势树种（组）为其他硬阔类、针阔混和经济林，年固碳量分别为 0.15 万吨、0.02 万吨和 0.01 万吨，仅占国有林场主要优势树种（组）固碳总量的 2.59%。可见，柞树、油松和刺槐可以有力地调节空气中二氧化碳浓度，在固碳方面的作用尤为突出。

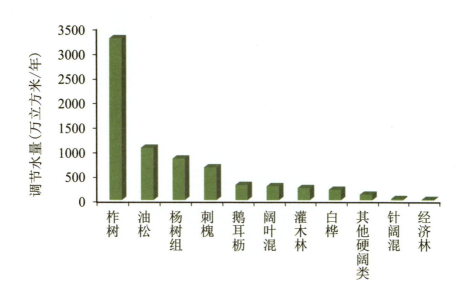

图 4-27　国有林场主要优势树种（组）涵养水源量

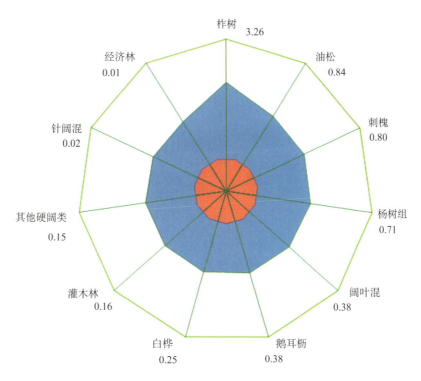

图 4-28　国有林场主要优势树种（组）固碳量（万吨／年）

释氧量最高的 3 种优势树种（组）为柞树、油松和刺槐，年释氧量分别为 7.90 万吨、1.96 万吨和 1.96 万吨，占国有林场主要优势树种（组）释氧总量的 70.57%；释氧量最低的 3 种优势树种（组）为灌木林、针阔混和经济林，年释氧量分别为 0.34 万吨、0.05 万吨和 0.02 万吨，仅占国有林场主要优势树种（组）释氧总量的2.39%（图4-29）。主要优势树种（组）释氧量大小为柞树＞油松＞刺槐＞杨树组＞阔叶混＞鹅耳枥＞白桦＞其他硬阔类＞灌木林＞针阔混＞经济林。

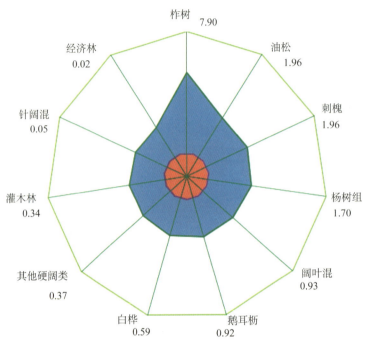

图4-29　国有林场主要优势树种（组）释氧量（万吨／年）

（五）净化大气环境

由图4-30可知，国有林场主要优势树种（组）以柞树、油松和杨树组提供负离子量最多，分别为 1768.76×10^{20} 个/年、378.37×10^{20} 个/年和 309.33×10^{20} 个/年，占国有林场主要优势树种（组）提供负离子总量的77.27%；针阔混、灌木林和经济林提供负离子量最少，分别为 7.41×10^{20} 个/年、0.03×10^{20} 个/年和 $0.01 \times 1 \times 10^{20}$ 个/年，仅占国有林场主要优势树种（组）提供负离子总量的0.23%。空气负离子具有杀菌、降尘、清洁空气的功效，被誉为"空气维生素与生长素"，对人体健康十分有益。随着生态旅游的兴起及人们保健意识的增强，空气负离子作为一种重要的无形旅游资源已越来越受到人们的重视。因此，柞树、油松和杨树组生态系统所产生的空气负离子，对于提升秦皇岛市旅游资源质量具有十分重要的作用。

最主要的空气污染物是颗粒物、氮氧化物以及氮和硫的氧化物，它们的沉积物可能会导致土壤的酸化以及富营养化（UK National Ecosystem Assessment，2011）。图4-31至图4-33为主要优势树种（组）吸收大气污染物量，国有林场主要优势树种（组）以柞树、油松和杨树组吸收二氧化硫量最多，分别为1648.16吨／年、781.21吨／年和492.33吨／年，占国有林场主要优势树种（组）吸收二氧化硫总量的72.65%；其他硬阔类、针阔混和经济林吸收二氧化硫量最少，分别为66.75吨／年、17.78吨／年和5.06吨／年，仅占国有林场主要优势树种（组）吸收二氧化硫总量的2.23%。国有林场主要优势树种（组）以柞树、杨树组和刺槐吸收氟化物的量最多,分别为86.45吨/年、25.82吨/年和20.26吨/年,占国有林场主要优势树种(组)吸收氟化物总量的72.53%;其他硬阔类、针阔混和经济林吸收氟化物量最少,分别为3.50吨/年、0.32吨/年和0.10吨/年,仅占国有林场主要优势树种(组)吸收氟化物总量的2.14%。国有林场主要优势树种(组)以柞树、油松和杨树组吸收氮氧化物量最多,分别为111.55吨/年、39.86吨/年和33.32吨/年,占国有林场主要优势树种(组)吸收氮氧化物总量的71.35%;其他硬阔类、针阔混和经济林吸收氮氧化物量最少,分别为4.52吨/年、0.96吨/年和0.34吨/年,仅占国有林场主要优势树种(组)吸收氮氧化物总量的2.25%。

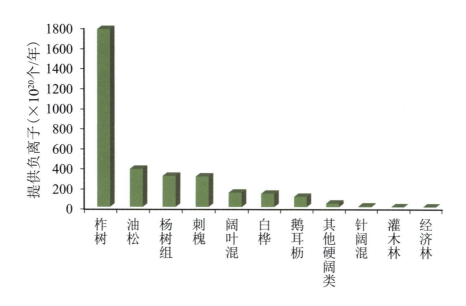

图4-30 国有林场主要优势树种(组)提供负离子量

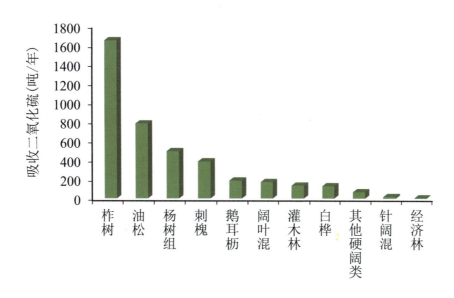

图4-31 国有林场主要优势树种(组)吸收二氧化硫量

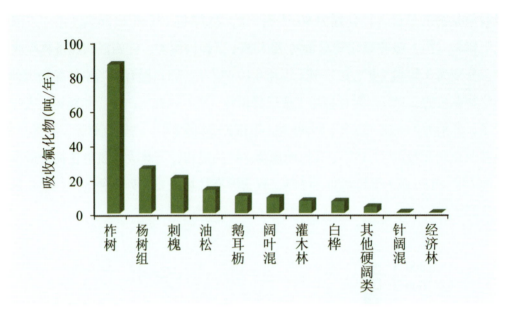

图 4-32　国有林场主要优势树种（组）吸收氟化物量

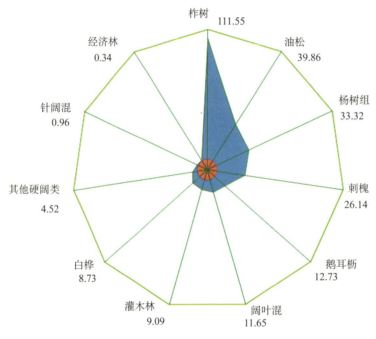

图 4-33　国有林场主要优势树种（组）吸收氮氧化物量（吨/年）

已有的研究发现，西米德兰兹地区 7% 的树木覆盖能够将 PM_{10} 的浓度减少 4%，而如果森林覆盖率达到理论上线 54%，则能将 PM_{10} 减少 26%（UK National Ecosystem Assessment，2011）。由图 4-34 至图 4-36 可知，国有林场主要优势树种（组）滞纳 TSP、滞纳 PM_{10} 和滞纳 $PM_{2.5}$ 最多的优势树种（组）均为柞树、油松和杨树组，滞纳 TSP、滞纳 PM_{10} 和滞纳 $PM_{2.5}$ 最小的优势树种（组）均为其他硬阔类、针阔混和经济林。柞树、油松和杨树组滞纳 TSP 量占国有林场主要优势树种（组）滞纳 TSP 总量的 79.52%，滞纳 PM_{10} 量占国有林场主要优势树种（组）滞纳 PM_{10} 总量的 72.21%，滞纳 $PM_{2.5}$ 量占国有林场主要优势树种（组）

滞纳 $PM_{2.5}$ 总量的 79.26%。可见，国有林场的优势树种（组）滞纳吸附了一定量的颗粒物，但是国有林场多以阔叶树为主，阔叶树滞纳颗粒物的能力低于针叶树，故其滞尘能力还不够显著，还有较大的提升空间，需要改变目前的树种结构，适当增加针叶树比例。

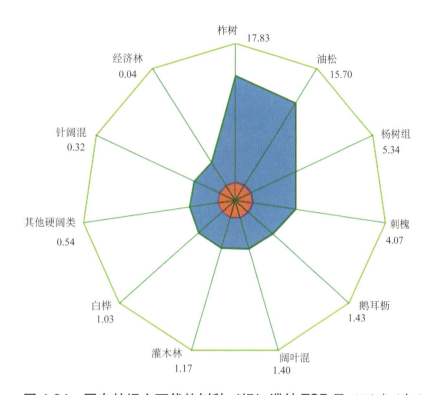

图 4-34　国有林场主要优势树种（组）滞纳 TSP 量（万吨／年）

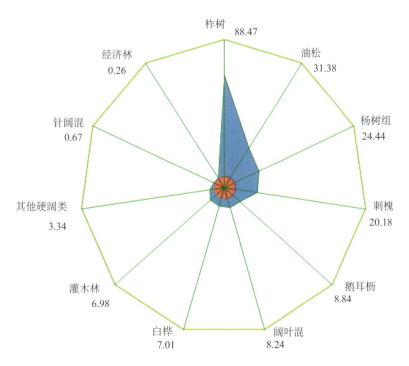

图 4-35　国有林场主要优势树种（组）滞纳 PM_{10} 量（吨／年）

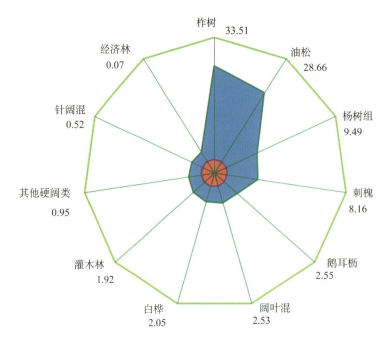

图 4-36　国有林场主要优势树种（组）滞纳 $PM_{2.5}$ 量（吨/年）

第二节　国有林场森林生态系统服务功能价值量

一、国有林场森林生态系统服务功能总价值量

根据第一章的评估指标体系和分布式测算方法，从保育土壤、林木养分固持、涵养水源、固碳释氧、净化大气环境、森林防护、生物多样性保护、林木产品供给和森林康养 9 项功能类别的价值量开展评估，所评估的 9 项功能价值量见表 4-3。

表 4-3　国有林场森林生态系统服务功能价值量结果

国有林场	支持服务（亿元/年）		调节服务（亿元/年）				供给服务		文化服务（亿元/年）	合计（亿元/年）
	保育土壤	林木养分固持	涵养水源	固碳释氧	净化大气环境	森林防护	生物多样性保护（亿元/年）	林木产品供给（万元/年）	森林康养	
渤海林场	0.03	0.01	0.21	0.07	0.04	0.65	0.04	3.02	0.06	1.11
都山林场	0.43	0.15	2.34	0.73	0.33	—	0.72	45.36	0.01	4.72
海滨林场	0.06	0.02	0.38	0.13	0.07	1.14	0.07	64.00	1.70	3.59
平市庄林场	0.18	0.06	1.07	0.32	0.19	—	0.29	73.40	0.11	2.23

第四章 秦皇岛市国有林场森林生态系统服务功能

（续）

国有林场	支持服务（亿元/年）		调节服务（亿元/年）				供给服务		文化服务（亿元/年）	合计（亿元/年）
	保育土壤	林木养分固持	涵养水源	固碳释氧	净化大气环境	森林防护	生物多样性保护（亿元/年）	林木产品供给（万元/年）	森林康养	
山海关林场	0.31	0.12	1.88	0.60	0.38	5.39	0.36	262.60	0.06	9.11
团林林场	0.24	0.11	1.66	0.54	0.25	1.25	0.34	93.13	5.32	9.72
祖山林场	0.53	0.19	2.93	0.96	0.51	—	0.90	160.65	0.18	6.22
合计	1.79	0.66	10.46	3.35	1.78	8.43	2.72	702.15	7.44	36.70

秦皇岛市国有林场森林生态系统服务功能总价值为 36.70 亿元/年，各项功能价值量比例如图 4-37，国有林场森林生态系统服务功能总价值量空间分布如图 4-38，各功能空间分布如图 4-39 至图 4-47。国有林场森林生态系统服务功能总价值排序为团林林场（9.72 亿元/年）＞山海关林场（9.11 亿元/年）＞祖山林场（6.22 亿元/年）＞都山林场（4.72 亿元/年）＞海滨林场（3.59 亿元/年）＞平市庄林场（2.23 亿元/年）＞渤海林场（1.11 亿元/年）。

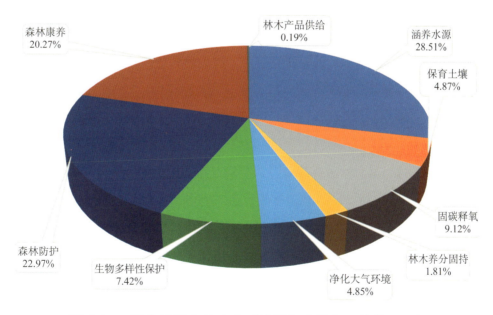

图 4-37 国有林场森林生态系统服务功能各项价值量比例

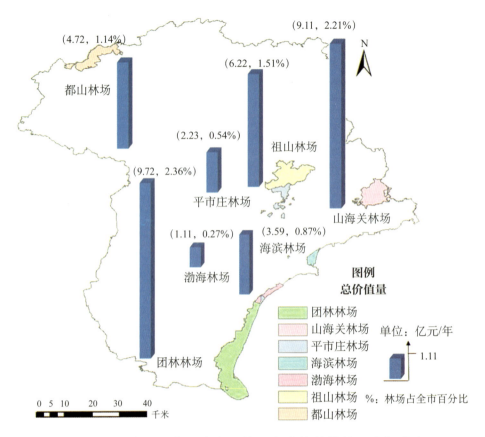

图 4-38 国有林场森林生态系统服务功能总价值量空间分布

(一) 保育土壤

土壤资源是环境中的一个基本组成部分,它们提供支持生物资源生产和循环所需的物质基础,是农业和森林系统的营养素和水的来源,为多种多样的生物提供生境,在碳固存方面发挥着至关重要的作用,对环境变化起到复杂的缓冲作用(SEEA,2012)。国有林场森林生态系统保育土壤价值量为 1.79 亿元/年,相当于 2018 年秦皇岛市生产总值的 0.11%(秦皇岛市统计局,2019)。国有林场森林生态系统保育土壤价值量及占全市森林生态系统保育土壤价值量的比例如图 4-39。国有林森林生态系统的保育土壤功能极大地保障了生态安全以及延长了水库的使用寿命,为该区域社会经济发展提供了重要保障。在地质灾害发生方面,由于秦皇岛市地质条件复杂,地貌特征为北部高,东南低,垂直的地带性变化十分明显,地势呈阶梯式下降。所以,各林场的森林生态系统保育土壤功能对于降低该地区灾害所造成的经济损失、保障人民生命财产安全,具有非常重要的作用。

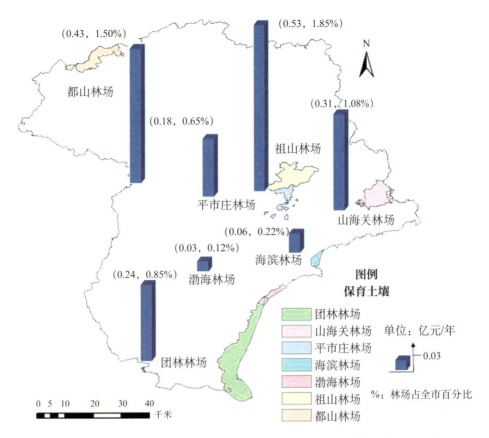

图 4-39　国有林场森林生态系统保育土壤功能价值量空间分布

（二）林木养分固持

秦皇岛市国有林场森林生态系统林木养分固持价值总量为 0.66 亿元/年，相当于 2017 年秦皇岛市林业总产值 10.05 亿元的 6.57%（河北省统计局，2019）。国有林场森林生态系统林木养分固持价值量及占全市森林生态系统林木养分固持价值量的比例如图 4-40。北部地区的祖山林场和都山林场林木养分固持价值高于其他林场，这是因为这两个林场的森林面积较大，此区域降水量大于其他地区，森林植被的生产力较高。北部山区林场森林生态系统林木养分固持功能价值较大，这为该区域地下动植物基本的生物地球化学过程，促进土壤，植物养分和肥力的更新提供了支持。

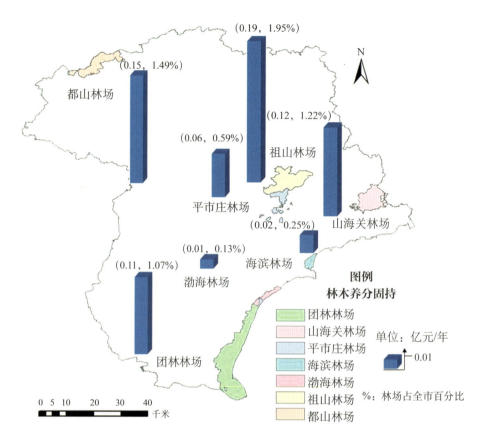

图 4-40　国有林场森林生态系统林木养分固持功能价值量空间分布

（三）涵养水源

水资源供给结构性矛盾突出，部分地区水资源过度开发，经济社会用水大量挤占河湖生态水量，水生态空间被侵占，流域区域生态保护和修复用水保障、水质改善等面临严峻挑战（自然资源部，2020）。如果在一个农场的划定区域内种植了树木，用于维护和恢复环境功能，农场的水蚀将大大降低，而其水质将会得到提升（SEEA，2012）。国有林场森林生态系统涵养水源价值量及占全市森林生态系统涵养水源价值量的比例如图 4-41。祖山林场、都山林场、山海关林场涵养水源价值占全市森林生态系统涵养水源价值量的比例均＞1%，这说明这些森林森林生态系统涵养水源功能对于秦皇岛市水源安全非常重要。生态系统就像一个"绿色、安全、永久"的水利设施，只要不遭到破坏，其涵养水源功能是持续增长，同时还能带来其他方面的生态功能；例如防止水土流失、吸收二氧化碳、生物多样性保护等。秦皇岛市国有林场森林生态系统涵养水源价值总量为 10.46 亿元 / 年，相当于全市森林生态系统涵养水源价值的 6.12%。可见国有林场森林生态系统在涵养水源方面的贡献显著，充分发挥着"绿色水库"的功能。

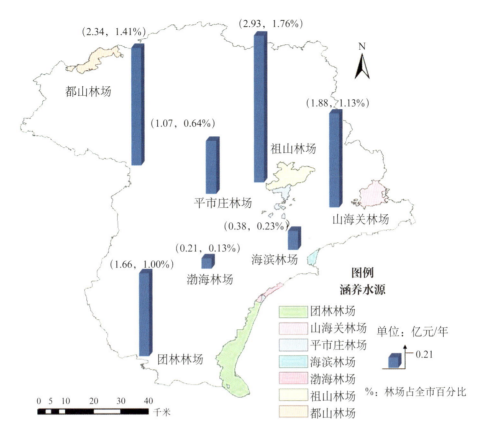

图 4-41　国有林场森林生态系统绿色水库空间分布

（四）固碳释氧

森林和林地是很重要的碳库，随着林木的生长会变得更加重要（UK National Ecosystem Assessment，2011）。近年来，秦皇岛随着社会经济的长足发展，污染和能耗也随之增加，CO_2 的过度排放加速温室效应的形成。森林生态系统还发挥着巨大的生态效益，尤其在碳汇方面作用巨大。由本研究可知，秦皇岛市国有林场森林生态系统的固碳释氧功能为维护该地区生态安全同样也起到了重要的作用。国有林场森林生态系统固碳释氧总价值为 3.35 亿元/年，相当于 2018 年秦皇岛市 GDP 的 0.20%（秦皇岛市统计局，2019）。由此可知，秦皇岛市国有林场森林生态系统作为绿色碳库的积极作用。国有林场森林生态系统固碳释氧价值量及占全市森林生态系统固碳释氧价值量的比例如图 4-42。祖山林场和都山林场以及山海关林场的固碳释氧价值高于其他林场，是因为这 3 个林场的森林面积较大；从林龄看，多为中幼林，正处于生长旺盛期，故森林植被的生产力较高。

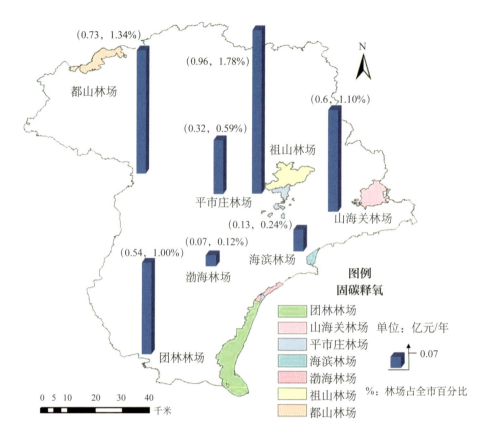

图 4-42 国有林场森林生态系统绿色碳库空间分布

(五) 净化大气环境

树木每年吸收的净污染可以使死于空气污染的人数减少 5～7 人，使因空气污染而住院的人数减少 4～6 人。根据生命和住院费用的贴现值计算，英国每年可从中获益 90 万英镑（约合人民币 777 万元）(Powe & Willis, 2004)。这一效益与其他一些非市场效益相比金额不是很大，但是在城市地区，小林地的相对效益会比较高（UK National Ecosystem Assessment, 2011）。大量研究证明，植物能净化空气中的颗粒物，特别是在吸收大气污染物，提高空气环境质量上具有显著的效果(Tallis M et al., 2011)。植物叶片因其表面性能（如茸毛和腊质表皮等）可以吸附和固定大气颗粒污染物，使其脱离大气环境而成为净化城市的重要过滤体。植物可作为大气污染物的吸收器，降低大气粉尘浓度，是一种从大气环境去除颗粒物的有效途径。叶表面吸附的颗粒物在降雨的淋洗作用下，使得植物又重新恢复滞尘能力。森林植被对大气污染物（二氧化硫、氟化物、氮氧化物、粉尘、重金属）具有很好的阻滞、过滤、吸附和分解作用；同时，植被叶表面粗糙不平，通过绒毛、油脂或其他粘性物质可以吸附部分沉降物，最终完成净化大气环境的过程，从而改善人们的生活环境，保证社会经济的健康发展。秦皇岛国有林场森林生态系统净化大气环境总价值为 1.78 亿元/年，相当于 2018 年秦皇岛市 GDP 的 0.11%，体现了其净化环境氧吧库。国有林场森林生态系统净化大气环境价值量及占全市森林生态系统较净化大气环境价值量的比例如图 4-43。祖山林场、山海关林场和都山林场的净化大气环境功能价值量较大，这与森林面积和树种的针阔叶结构组成有关；祖山林场面积最大，故较大的森林面积可以吸收更多的气体污染物和滞纳更多的颗粒物，山海关林场虽面积小于都山林场，但山海关林场的针叶树面积占森林总面积的比例为32.78%，都山林场的针叶树占森林面积的仅为比例2.33%，针叶树吸收气体污染物和滞尘的能力较强，故有较多针叶树的山海关林场虽面积较小但净化大气环境能力较强。未来随着管理加强，森林质量提高，秦皇岛国有林场森林强大的净化大气环境能力还将增强，为提升京津冀地区的空气质量做出贡献。

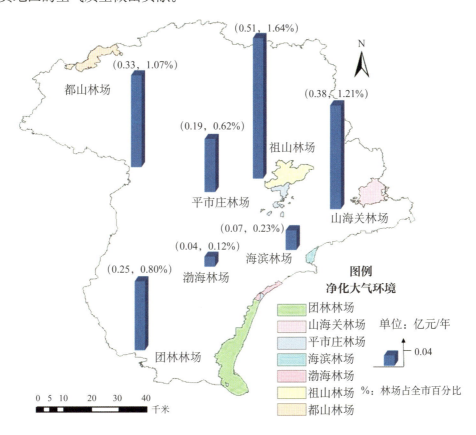

图 4-43　国有林场森林生态系统绿色氧吧库空间分布

（六）森林防护

海洋生境包括河口、海滩、海岸以及海洋区域以外的所有潮下生境。这些生境支持高度多样化的动植物，是欧洲动植物多样性最高的地区之一（Defra，2005；UK National Ecosystem Assessment，2011）。海岸主要由沙丘、沿岸沙质低地、盐沼、卵石、海崖和潟湖生境组成，建筑面积的增加造成沿海地区的拥挤，致使海岸的生态防护能力下降（UK National Ecosystem Assessment，2011）。海岸带地区是全球人口、经济活动和消费活动高度集中的地区，同时也是海洋自然灾害最为频繁的地区。台风、洪水、风暴潮等自然灾害给沿海地区的生命安全和财产安全带来严重的威胁。沿海防护林能通过降低台风风速、削减波浪能和浪高、降低台风过程洪水的水位和流速，从而减少台风灾害，这就是沿海防护林的海岸防护服务。同时，海岸带是实施海洋强国战略的主要区域，也是保护沿海地区生态安全的重要屏障（自然资源部，2020）。秦皇岛市国有林场森林生态系统森林防护总价值量为8.43亿元/年，相当于2018年秦皇岛市生产总值的0.52%（秦皇岛市统计局，2019）。国有林场森林生态系统森林防护价值量及占全市森林生态系统森林防护价值量的比例如图4-44。山海关林场森林防护价值最大，渤海林场森林防护价值最小，这与这两个林场的沿海防护林面积大小有关。都山林场、祖山林场和平市庄林场无沿海防护林，故森林防护价值不测算。

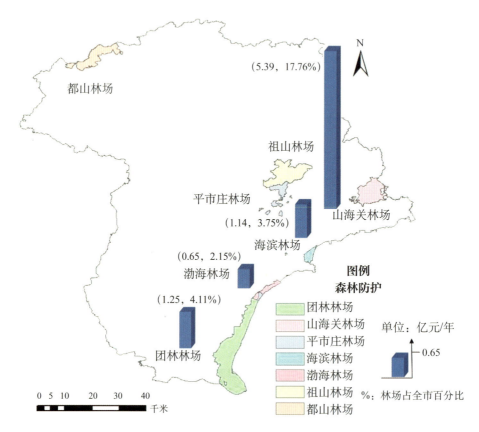

图4-44 国有林场森林生态系统森林防护功能价值量空间分布

（七）生物多样性保护

生物多样性除了作为关键的支持服务之外，也可以被视为一种供应服务，因为资源投入到森林管理中以产生特定类型的多样性和物种组合。这些组合本身可以作为具有价值的商品和服务。提供生物多样性的成本和这项规定给人民带来的利益都可以货币化（UK National Ecosystem Assessment，2011）。森林生物多样性是生态环境的重要组成部分，是人类共同的财富，在人类的生存、经济社会的可持续发展和维持陆地生态平衡中占有重要的地位。20世纪90年代森林对野生生物保护和生物多样性的价值得到越来越多的认可，森林为许多物种提供赖以生存的栖息地，如猛禽、鸣禽、植物和真菌和无脊椎动物等（UK National Ecosystem Assessment，2011）。人口增长和人类活动使森林生物多样性遭到破坏，严重影响了其整体功能的发挥。秦皇岛市国有林场森林生态系统生物多样性保护总价值量为

2.72亿元/年，这相当于2017年秦皇岛市林业总产值的27.06%(河北省统计局，2019)。可见，森林生物多样性价值极大，人们应该对森林生物多样性及其保护的认识和对森林生物多样性的管理亟需加强。国有林场森林生态系统生物多样性保护价值量及占全市森林生态系统生物多样性保护价值量的比例如图4-45。祖山林场、都山林场和山海关林场的生物多样性保护价值高于其他林场，这是因为这三个林场多以幼龄林为主，而相关研究发现林龄低于15年通常处于"初始"阶段，林冠尚未郁闭，下层植被覆盖度较低，这种林分对生物多样性具有很大价值（UK National Ecosystem Assessment，2011）。

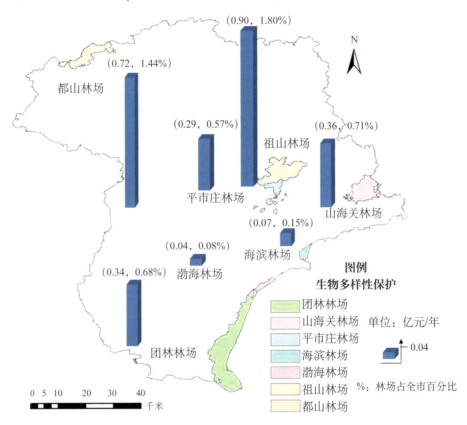

图 4-45 国有林场森林生态系统绿色基因库空间分布

（八）林木产品供给

林木产品供给功能主要包括木材产品和非木材产品，非木材产品主要包括：水果种植，坚果、含油果和香料作物种植，茶及其他饮料作物的种植，森林药材种植，森林食品种植林产品采集。在英国大部分的林地都是作为木材来源管理的，但森林因能提供其他生态系统服务而受到越来越多的重视（UK National Ecosystem Assessment，2011）。秦皇岛市国有林场森林生态系统林木产品供给总价值量为702.15万元/年，相当于2017年秦皇岛市林业总产值的0.72%（河北省统计局，2019）。国有林场森林生态系统林木产品供给价值量及占全市森林生态系统林木产品供给价值量的比例如图4-46，林木产品供给排所有功能的最后一位，这说明林场的森林不再以生产木材为主，而以发挥森林的生态效益为主。这充分体现了林业产业从以木材生产为主向以生态建设为主的发展转型的成功,也从侧面说明了国有林场森林由过去以保护为主,向保护和建设并举转变,对促进国有林场森林的生态、社会、经济三大效益的协同发展具有重要意义。

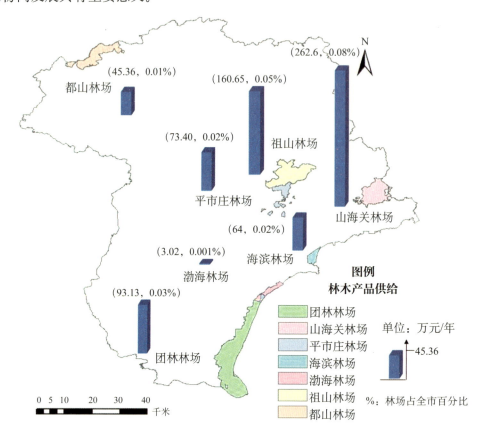

图 4-46　国有林场森林生态系统林木产品供给功能价值量空间分布

(九) 森林康养

森林康养功能主要是因为森林生态系统能分泌大量的植物精气,植物精气是植物新陈代谢过程中,植物的花、叶、果、木材、根、芽等的油腺组织不断分泌的一种浓香挥发性物质。据研究,植物精气具有多种生理功效,可以进入人体血液中,具有止咳作用;通过呼吸道黏膜进入平滑肌细胞内,增加细胞里磷腺苷的含量,提高环磷腺苷与环磷鸟苷的比值,增强平滑肌的稳定性,使细胞内游离钙离子减少,收缩蛋白系统的兴奋降低,从而使肌肉舒张,支气管口径扩大,解除哮喘;植物精气具有轻微的刺激作用,使呼吸道的分泌物增加,能够祛痰;植物精气进入肾脏时,可抑制肾皮质远曲小管对水的再回收,故能利尿;能促进人体免疫蛋白增加,增强人体抵抗疾病的能力;可调节植物神经平衡,使人体腺体分泌均衡;可增加空气中臭氧和负离子的含量,增强森林空气的舒适感和保健功能(吴楚材等,2006)。根据森林和林地的特点和位置,它们具有美学吸引力,进而增强景观特色。这种服务受到当地居民与游客的赞赏。在城市地区,即使是小型林地也能改善视觉效果(UK National Ecosystem Assessment,2011)。

我们不能低估林地提供的文化服务，它们对娱乐和休闲活动十分重要，英国每年有超过 2.5 亿～3 亿的游客来森林参观。游客们进行各式各样的体育活动，如骑马、骑车、散步或慢跑，从而锻炼身体、保持健康（UK National Ecosystem Assessment，2011）。秦皇岛市发展旅游具有其得天独厚的优势条件，沿海地区组成的黄金海岸地带，有众多的名胜旅游景区，还有高级别休闲度假区、国家森林公园等。2018 年全年接待国内外游客 6251.24 万人次，比上年增长 19.0%。其中，接待国内游客 6217.98 万人次，增长 19.0%（秦皇岛市统计局，2019）。秦皇岛国有林场森林生态系统森林康养总价值量为 7.44 亿元/年，相当于 2018 年秦皇岛市旅游总收入 824.87 亿元的 0.90%（秦皇岛市统计局，2019）。国有林场森林生态系统森林康养价值量及占全市森林生态系统森林康养价值量的比例如图 4-47。团林林场和海滨林场森林生态系统森林康养功能价值量占全市森林生态系统森林康养功能价值量的 63.99% 和 20.43%，7 个国有林场森林生态系统森林康养功能价值量占全市森林生态系统森林康养功能价值量的 89.42%，说明全市其他区域的森林发挥的森林康养功能极低，而团林林场的森林康养功能占全市的比例也较高。可见，秦皇岛市森林康养功能极不均衡，森林康养的覆盖面较窄，今后应积极发展和提升其他地区的森林康养，对国有林场内部也要积极发展北部山区林场、平市庄林场、渤海林场和山海关林场的森林游憩，增加基础设施投入，进行区域协同发展，努力提升森林康养功能。

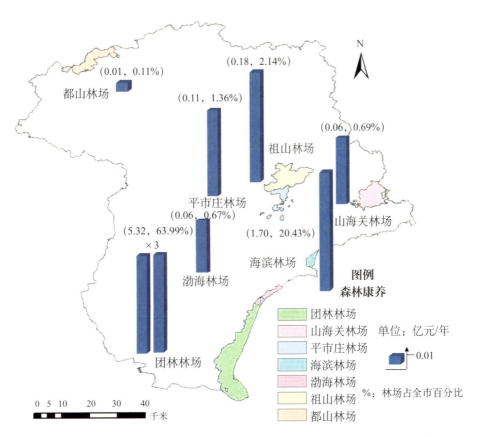

图 4-47　国有林场森林生态系统森林康养功能价值量空间分布

二、主要优势树种（组）生态系统服务功能价值量

国有林场主要优势树种（组）生态系统服务功能总价值量见表4-4，由于森林防护功能、林木产品供给功能和森林康养功能以林场进行测算，不区分优势树种（组），故除上述3项功能类别外，主要优势树种（组）保育土壤、林木养分固持、涵养水源、固碳释氧、净化大气环境和生物多样性保护6项服务功能价值量合计为杨树组（2.31亿元/年）、柞树（9.87亿元/年）、油松（3.16亿元/年）、白桦（0.61亿元/年）、鹅耳枥（0.95亿元/年）、刺槐（1.94亿元/年）、阔叶混（0.86亿元/年）、其他硬阔类（0.34亿元/年）、针阔混（0.07亿元/年）、经济林（0.01亿元/年）、灌木林（0.63亿元/年）；灌木林中特灌林为0.03亿元/年，非特灌林为0.60亿元/年。

表4-4 国有林场主要优势树种（组）生态系统服务功能价值量结果（亿元/年）

优势树种（组）		支持服务		调节服务				供给服务		文化服务	合计
		保育土壤	林木养分固持	涵养水源	固碳释氧	净化大气环境	森林防护	生物多样性保护	林木产品供给	森林康养	
杨树组		0.18	0.07	1.26	0.34	0.20		0.26			2.31
柞树		0.91	0.32	4.89	1.58	0.67		1.51			9.87
油松		0.27	0.05	1.58	0.39	0.53		0.34			3.16
白桦		0.05	0.02	0.31	0.12	0.04		0.07			0.61
鹅耳枥		0.07	0.04	0.45	0.18	0.06		0.14			0.95
刺槐		0.15	0.07	0.99	0.39	0.15		0.19			1.94
阔叶混		0.06	0.04	0.41	0.19	0.06		0.09			0.86
其他硬阔类		0.02	0.03	0.17	0.07	0.02		0.03			0.34
针阔混		0.01	<0.01	0.04	0.01	0.01		0.01			0.07
经济林		<0.01	<0.01	0.01	<0.01	<0.01		<0.01			0.01
灌木林	小计	0.06	0.01	0.36	0.07	0.04		0.08			0.63
	特灌林	0.01	<0.01	0.02	<0.01	<0.01		<0.01			0.03
	非特灌林	0.05	0.01	0.35	0.07	0.04		0.08			0.60
总计		1.79	0.66	10.46	3.35	1.78	8.43	2.72	0.07	7.44	36.70

注：森林防护、林木产品供给和森林康养功能以生态系统进行评估，不按照优势树种（组）评估。

（一）保育土壤

国有林场主要优势树种（组）保育土壤功能价值量最高的树种为柞树，其价值量为0.908亿元/年，占保育土壤总价值量的50.77%；其次是油松和杨树组，保育土壤价值量分别为

0.271亿元/年和0.185亿元/年；其他硬阔类、针阔混和经济林的保育土壤价值量最低，仅占国有林场优势树种（组）总价值量的1.79%（图4-48）。由此可见，国有林场主要优势树种（组）保育土壤功能价值与树种极相关，不同树种的枯落物层对土壤养分和有机质的增加作用不同，直接表现出保育土壤功能价值量也不同。全部或部分土壤的流失代表了养分供应能力的丧失（UK National Ecosystem Assessment，2011），森林生态系统能够在一定程度上防止地质灾害的发生，这种作用通过其保持水土的功能来实现的。柞树、油松和杨树组在这方面的功能较强。

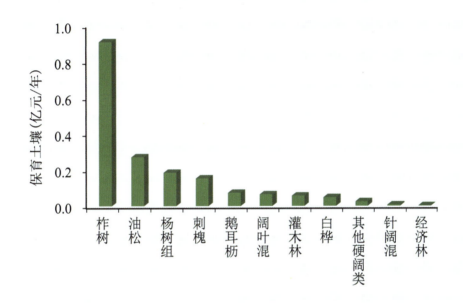

图4-48　国有林场主要优势树种（组）保育土壤价值量

（二）林木养分固持

在林木养分固持价值量中，国有林场主要优势树种（组）柞树最高、其次是刺槐和杨树组，其林木养分固持价值量分别为0.321亿元/年、0.074亿元/年和0.069亿元/年；针阔混和经济林林木养分固持价值最低，其价值量均仅为0.001亿元/年(图4-49)。由此可知，国有林场主要优势树种（组）林木养分固持功能价值量与林分面积、净生产力、林木氮磷钾养分元素等因素相关，故主要优势树种(组)的林木养分固持价值量差异明显。优势树种(组)生态系统通过林木养分固持功能，可以将土壤中的部分养分暂时地储存在林木体内。在其生命周期内，通过枯枝落叶和根系周转的方式再归还到土壤中，这样能够降低因为水土流失而造成的土壤养分损失量。

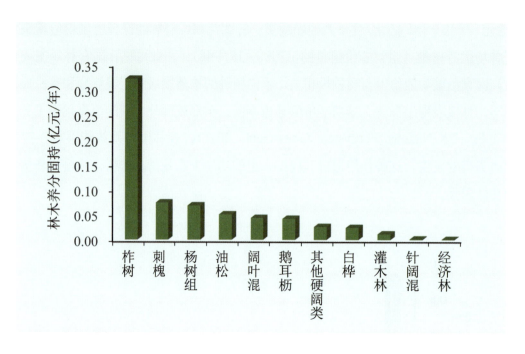

图 4-49　国有林场主要优势树种（组）林木养分固持价值量

（三）涵养水源

水资源核算为改善水管理提供了有用的工具，很多总量和指标是使用有既定结构的框架，从实物型供应使用表推算出来的，这些数据可以与实物型和价值型经济账户中的数据联系起来，计算出水资源使用密集度和生产率的测算值（SEEA，2012）。国有林场主要优势树种（组）涵养水源功能价值量最高的 3 个树种（组）为柞树、油松和杨树组，年涵养水源价值量在 1.258 亿～4.889 亿元之间，占国有林场主要优势树种（组）涵养水源服务功能总价值量 73.83%（表 4-4 和图 4-50）；刺槐、鹅耳枥、阔叶混、灌木林和白桦的年涵养水源价值量排四至七位，其他硬阔类、针阔混和经济林涵养水源价值量均在 0.2 亿元 / 年以下。因水利设施的建设需要占据一定面积的土地，往往会改变土地利用类型，无论是占据的哪一类土地类型，均对社会造成不同程度的影响。另外，建设的水利设施还存在使用年限问题，并具有一定危险性。随着使用年限的延伸，水利设施内会淤积大量的淤泥，降低了其使用寿命，并且还存在崩塌的危险，对人民群众的生产生活造成潜在的威胁。所以，利用和提高国有林场优势树种（组）生态系统涵养水源功能，可以减少相应水利设施的建设，将以上危险性降到最低。

（四）固碳释氧

木材可以代替钢材或混凝土（含有较高的嵌入碳）等建筑材料，木质生物质可以替代化石燃料产生热量并减少排放到大气中的二氧化碳，木材也可以作为调节服务减少排放到大气中的二氧化碳（UK National Ecosystem Assessment，2011）。国有林场主要优势树种（组）固碳释氧价值量差异显著。由图 4-51 可知，柞树的固碳释氧价值量最高，为 1.576 亿元 / 年；

其次是油松和刺槐，固碳释氧价值量分别为 0.394 亿元/年和 0.390 亿元/年；排前三的优势树种（组）固碳释氧价值量占国有林场主要优势树种（组）固碳释氧总价值量的 70.57%；经济林年固碳释氧价值最低，仅为 0.004 亿元，占国有林场主要优势树种（组）固碳释氧总价值量的 0.11%。说明国有林场主要优势树种（组）间的林分净生产力各异，相应的固碳释氧价值也显著不同。可见，主要优势树种（组）生态系统固碳释氧功能的重要作用，在推进秦皇岛市节能减排低碳发展中作用巨大。

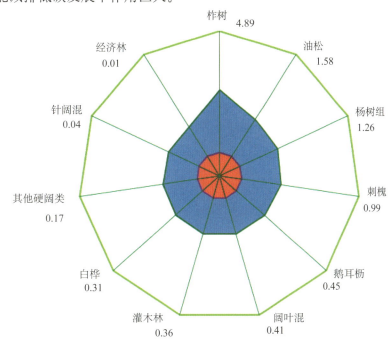

图 4-50　国有林场主要优势树种（组）涵养水源价值量（亿元/年）

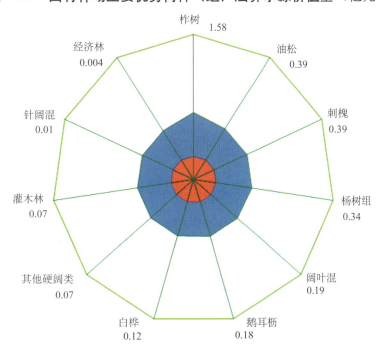

图 4-51　国有林场主要优势树种（组）固碳释氧价值量（亿元/年）

(五)净化大气环境

空气质量主要受到城市生态系统的影响;城市地区的树木以及绿地能够改善水和空气的质量,吸收污染物,减少噪音;绿化屋顶有助于减少污染,调节温度以及平衡碳排放,森林在净化大气环境提升空气质量中发挥了重要作用(UK National Ecosystem Assessment,2011)。国有林场主要优势树种(组)净化大气环境功能中,柞树的价值量最高,为0.669亿元/年,占净化大气环境总价值的37.63%;油松次之,为0.527亿元/年;杨树组为0.198亿元/年,位列第3;刺槐为0.152亿元/年,排前4的优势树种(组)净化大气环境总价值为1.547亿元/年,占净化大气环境总价值量的86.99%;经济林的净化大气环境功能价值量年最低,仅占净化大气环境总价值量的0.094%(图4-52),这与国有林场经济林的面积最小有直接关系。净化大气环境功能价值由提供负离子价值、吸收污染物价值、滞尘价值所组成,主要优势树种(组)间的各项功能指标所产生的价值量不同,造成不同树种净化大气环境价值差异,所以创造的生态效益也不同。国有林场主要优势树种(组)通过自身的生长过程,从空气中吸收污染气体,在体内经过一系列的转化过程,将吸收的污染气体降解后排出体外或者储存在体内;另一方面,主要优势树种(组)通过自身林冠层的作用,加速颗粒物的沉降或者吸收滞纳在叶片表面,进而起到净化大气环境的作用,极大地降低了空气污染物对于人体的危害。所以,国有林场主要优势树种(组)生态系统净化大气环境功能,对降低环境污染事件而造成的经济损失巨大。

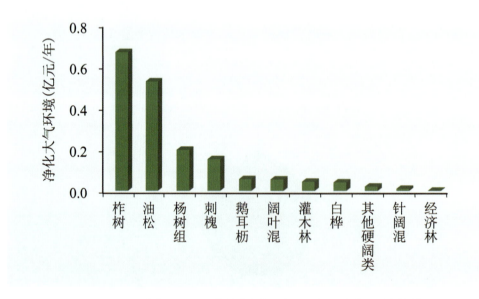

图 4-52 国有林场主要优势树种(组)净化大气环境价值量

(六)生物多样性保护

生物多样性除了作为关键的支持服务之外,也可以被视为一种供应服务,因为资源投入到森林管理中以产生特定类型的多样性和物种组合,这些组合本身可以作为具有价值的商品和服务（UK National Ecosystem Assessment，2011）。保护生物多样性和景观旨在保护和恢复动植物群落、生态系统和生境以及保护和恢复天然和半天然景观的措施和活动，应将保护生物多样性和保护景观密切的联系起来，例如维护或建立某种景观类型、生境和生态区以及相关问题，均与维护生物多样性有着明显的关联，同时能够增加景观的审美价值（SEEA，2012）。生物多样性保护功能价值量最高的优势树种（组）为柞树，其价值量为 1.508 亿元/年，占生物多样性保护总价值量的 55.36%；其次为油松和杨树组，生物多样性保护价值分别为 0.339 亿元/年和 0.264 亿元/年，刺槐排第四；生物多样性保护价值量排名前四的优势树种（组）占生物多样性保护总价值量的 84.30%；针阔混和经济林的生物多样性保护价值最低，仅为 0.008 亿元/年和 0.002 亿元/年，仅占生物多样性保护总价值量的 0.37%（图 4-53）。生物多样性保护功能价值量与主要优势树种（组）的 Shannon-Weiner 指数、特有种指数、濒危指数和古树指数相关，所以结果各异，也与阔叶树具有较高生物多样性价值有关（UK National Ecosystem Assessment，2011）。秦皇岛因其所在独特的地理位置，不仅动植物资源丰富，而且还保存了一大批珍贵、稀有及濒危动物和植物物种资源。这不仅为生物多样保护工作提供了坚实基础，还为该区域带来了高质量的旅游资源，极大地提高了当地群众的收入水平。

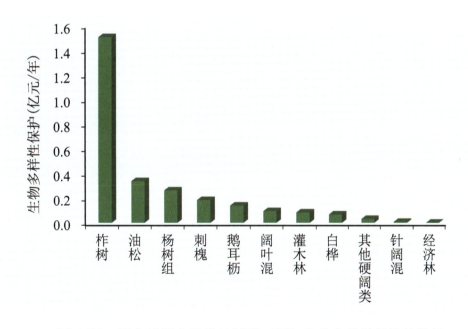

图 4-53　国有林场主要优势树种（组）生物多样性保护价值量

第五章
秦皇岛市国有林场森林全口径碳中和

2020年9月，习近平主席在第七十五届联合国大会一般性辩论上宣布，"中国将提高国家自主贡献力度，采取更加有力的政策和措施，二氧化碳排放力争于2030年前达到峰值，努力争取2060年前实现碳中和"。2021年11月，在格拉斯哥气候大会前，我国正式将其纳入新的国家自主贡献方案并提交联合国。碳达峰是指我国碳排放量将于2030年前达到峰值，并进入平稳期，其间虽有波动，但总体保持下降趋势；碳中和是指通过采取除碳等措施，使碳清除量与排放量达到平衡，即中和状态；碳达峰与碳中和一起，简称"双碳"。

> 碳达峰（peak carbon dioxide emissions）：指某个地区或行业年度二氧化碳排放达到峰值且不再增长，随后逐渐回落。根据世界资源研究所的介绍，碳达峰是一个过程，即碳排放首先进入平台期并可以在一定范围内波动，之后进入平稳下降阶段。
>
> 碳中和（carbon neutrality）：指国家、企业、产品、活动或个人在一定时间内直接或间接产生的二氧化碳或温室气体排放总量，通过植树造林、节能减排等形式，以抵消自身产生的二氧化碳或温室气体排放量，实现正负抵消，达到相对"零排放"。

碳中和已成为网络高频热词，百度搜索结果约1亿个！与其密切相关的森林碳汇也成为热词，搜索结果超过1200万个。最近的两组数据显示，中国森林面积和蓄积持续增长将有效助力实现碳中和目标。第一组数据：2020年10月28日，国际知名学术期刊《自然》发表的多国科学家最新研究成果显示，2010—2016年，中国陆地生态系统年均吸收约11.1亿吨碳，吸收了同时期人为碳排放的45%，成果表明，此前中国陆地生态系统碳汇能力被严重低估（Wang et al.，2020）；第二组数据：2021年3月12日，国家林业和草原局新闻发布会介绍，我国森林资源中幼龄林面积占森林面积的60.94%，中幼龄林处于高生长阶段，伴随森林质量不断提升，具有较高的固碳速率和较大的碳汇增长潜力，这对我国二氧化碳排放力争2030年前达到峰值、2060年前实现碳中和具有重要作用。

我国森林生态系统碳汇能力之所以被低估，主要原因是碳汇方法学存在缺陷，即推算森林碳汇量采用的材积源生物量法是通过森林蓄积量增量进行计算的，而一些森林碳汇资源并未被统计其中（王兵，2021），导致我国森林碳汇能力被低估。

第一节　全口径碳中和理论基础

在了解陆地生态系统特别是森林对实现碳中和的作用之前，需要明确两个概念，即森林碳汇与林业碳汇，二者的差别在于森林碳汇的自然性和林业碳汇的人类参与性，由于人类的各类营林活动的影响作用，增加的部分碳汇是可以进行交易的。中国森林生态系统碳汇能力之所以被低估，主要原因是通过森林蓄积量增量来推算森林碳汇量的碳汇方法学存在缺陷，同时森林土壤作为全球陆地生态系统重要的碳储库未参与森林碳汇的计量。

> 森林碳汇（forest carbon sink）：是森林植被通过光合作用固定二氧化碳，将大气中的二氧化碳捕获、封存、固定在木质生物量中，从而减少空气中二氧化碳浓度。
>
> 林业碳汇（forestry carbon sequestration）：通过造林、再造林或者提升森林经营技术增加的可以进行交易的森林碳汇。

一、森林全口径碳汇内涵

> 森林全口径碳汇 = 森林资源碳汇（乔木林 + 竹林 + 特灌林）+ 疏林地碳汇 + 未成林造林地碳汇 + 非特灌林灌木林碳汇 + 苗圃地碳汇 + 荒山灌丛碳汇 + 城区和乡村绿化散生林木碳汇。其中，含 2.2 亿公顷森林生态系统土壤年碳汇增量。基于第九次全国森林资源清查数据，核算出我国森林全口径碳中和量为 4.34 亿吨，其中，乔木林植被层碳汇 2.81 亿吨、森林土壤碳汇 0.51 亿吨、其他森林植被层碳汇 1.02 亿吨（非乔木林）。

在了解陆地生态系统特别是森林对实现碳中和的作用之前，需要明确两个概念，即森林碳汇与林业碳汇：森林碳汇是森林植被通过光合作用固定二氧化碳，将大气中的二氧化碳捕获、封存、固定在木质生物量中，从而实现碳中和的能力。而林业碳汇是通过造林再造林或者提升森林经营技术增加的森林碳汇，可以进行交易（王兵等，2021）。

中国森林生态系统碳汇能力之所以被低估，主要原因是碳汇方法学上的缺陷所致，也就是采用材积源生物量法是通过森林蓄积量增量来推算森林碳汇量的方法。其缺陷主要体现在三方面。

（一）特灌林和竹林的碳汇

森林蓄积量没有统计特灌林和竹林，只体现了乔木林的蓄积量，而仅通过乔木林的蓄积量增量来推算森林碳汇量，忽略了特灌林和竹林的碳汇功能。我国有林地面积近40年增长了10292.31万公顷，增长幅度为89.28%。有林地面积的增长主要来源于造林。竹林是森林资源中固碳能力最强的植物，在固碳机制上，属于碳四（C_4）植物，而乔木林属于碳三（C_3）植物。虽然没有灌木林蓄积量的统计数据，但我国特灌林面积广袤，也具有显著的碳中和能力。近40年来，我国竹林面积处于持续的增长趋势，增长量为309.81万公顷，增长幅度为93.49%；灌木林地（特灌林+非特灌林灌木林）面积亦处于不断增长的过程中，近40年其面积增长了5倍。

竹林是世界公认的生长最快的植物之一，具有爆发式可再生生长特性，蕴含着巨大的碳汇潜力，是林业应对气候变化不可或缺的重要战略资源。研究表明，毛竹年固碳量为5.09吨/公顷，是杉木林的1.46倍，是热带雨林的1.33倍，同时每年还有大量的竹林碳转移到竹材产品碳库中长期保存。灌木是森林和灌丛生态系统的重要组成部分，地上枝条再生能力强，地下根系庞大，具有耐寒、耐热、耐贫瘠、易繁殖、生长快的生物学特性。尤其是在干旱、半干旱地区，生长灌木林的区域是重要的生态系统碳库，对减少大气中二氧化碳含量具有重要作用。

（二）疏林地、未成林造林地、非特灌林灌木林、苗圃地、荒山灌丛、城区和乡村绿化散生林木碳汇

疏林地、未成林造林地、非特灌林灌木林、苗圃地、荒山灌丛、城区和乡村绿化散生林木也没在森林蓄积量的统计范围之内，它们的碳汇能力也被忽略了。第九次全国森林资源清查结果显示，我国疏林地面积为342.18万公顷、未成林造林地面积为699.14万公顷、非特灌林灌木林面积为1869.66万公顷、苗圃地面积为71.98万公顷、城区和乡村绿化散生林木株数为109.19亿株（因散生林木具有较高的固碳速率，可以相当于2000万公顷森林资源的碳中和能力）。疏林地是指附着有乔木树种，郁闭度在0.1～0.19的林地，可以有效增加森林资源、扩大森林面积、改善生态环境的。其郁闭度过低的特点，恰恰说明其活立木种间和种内竞争比较微弱，而其生长速度较快的事实，又体现了其较强的碳汇能力。未成林造林地是指人工造林后，苗木分布均匀，尚未郁闭但有成林希望或补植后有成林希望的林地，是提升森林覆盖率的重要潜力资源之一，其处于造林的初始阶段，也是林木生长的高峰期，碳汇能力较强。苗圃地是繁殖和培育苗木的基地，由于其种植密度较大，碳密度必然较高。有研究表明，苗圃地碳密度明显高于未成林造林地和四旁树，其固碳能力不容忽视。城区和乡村绿化散生林木几乎不存在生长限制因子，生长速度更接近于生产力的极限，也意味着其固碳能力十分强大。

(三) 森林土壤碳汇

森林土壤碳库是全球土壤碳库的重要组成部分，也是森林生态系统中最大的碳库。森林土壤碳含量占全球土壤碳含量的73%，森林土壤碳含量是森林生物量的2～3倍，它们的碳汇能力同样被忽略了。土壤中的碳最初来源于植物通过光合作用固定的二氧化碳，在形成有机质后通过根系分泌物、死根系或者枯枝落叶的形式进入土壤层，并在土壤中动物、微生物和酶的作用下，转变为土壤有机质存储在土壤中，形成土壤碳汇。但是，森林土壤年碳汇量大部分集中在表层土壤（0～20厘米），不同深度的森林土壤在年固碳量上存在差别，表层土壤（0～20厘米）年碳汇量约比深层土壤（20～40厘米）高出30%，深层土壤中的碳属于持久性封存的碳，在短时间内保持稳定的状态，且有研究表明成熟森林土壤可发挥持续的碳汇功能，土壤表层20厘米有机碳浓度呈上升趋势。

二、森林全口径碳汇

基于目前森林碳汇评估中存在的问题，结合中国森林资源核算项目一期、二期、三期研究成果，中国林业科学研究院王兵研究员提出了森林碳汇资源和森林全口径碳汇新理念。

森林植被全口径碳汇＝森林资源碳汇（乔木林碳汇＋竹林碳汇＋特灌林碳汇）＋疏林地碳汇＋未成林造林地碳汇＋非特灌林灌木林碳汇＋苗圃地碳汇＋荒山灌丛碳汇＋城区和乡村绿化散生林木碳汇，其中含森林生态系统土壤年碳汇增量。

森林全口径碳汇能更全面地评估我国的森林碳汇资源，将能够提供碳汇功能的森林资源，包括乔木林、竹林、特灌林、疏林地、未成林造林地、非特灌林灌木林、苗圃地、荒山灌丛、城区和乡村绿化散生林木等森林碳汇纳入森林生态系统碳汇中，避免我国森林生态系统碳汇能力被低估，同时彰显出我国林业在"碳中和"中的重要地位。

在2021年1月9日召开的中国森林资源核算研究项目专家咨询论证会上，中国科学院院士蒋有绪、中国工程院院士尹伟伦肯定了这一理念，对森林生态服务价值核算的理论方法和技术体系给予高度评价。尹伟伦表示，生态价值评估方法和理论，推动了生态文明时代森林资源管理多功能利用的基础理论工作和评价指标体系的发展。蒋有绪表示，固碳功能的评估很好地证明了中国森林生态系统在碳减排方面的重要作用，希望在"碳中和"任务中担当重要角色。

三、森林全口径碳汇在"碳中和"中所发挥的作用

在中国森林资源核算第三期研究结果中，中国森林全口径碳汇每年达4.34亿吨碳当量，即乔木林植被层碳汇2.81亿吨/年＋森林土壤碳汇0.51亿吨/年＋其他森林植被（非乔木林）1.02亿吨/年＝中国森林植被全口径碳汇4.34亿吨碳当量/年。根据我国历次森林资源清查数据，核算近40年来我国森林全口径碳汇能力的变化情况表明，我国森林碳汇已经从

第二次森林资源清查期间的 1.75 亿吨/年提升到第九次森林资源清查期间的 4.34 亿吨/年，森林碳汇增长了 2.59 亿吨/年，增长幅度为 148.00%。

2020 年 3 月 15 日，习近平总书记主持召开的中央财经委员会第九次会议强调，2030 年前实现碳达峰，2060 年前实现碳中和，是党中央经过深思熟虑作出的重大战略决策，事关中华民族永续发展和构建人类命运共同体。如果按照中国森林植被全口径碳汇 4.34 亿吨碳当量计算，我国森林植被年吸收二氧化碳量为 15.91 亿吨/年，可以起到显著的碳中和作用，对于生态文明建设整体布局具有重大的推进作用。

目前，我国人工林面积达 7954.29 万公顷，为世界上人工林最大的国家，其面积约占天然林的 57.36%，但单位面积蓄积生长量为天然林的 1.52 倍，我国人工林在森林碳汇方面起到了非常重要的作用。另外，我国森林资源中幼龄林面积占森林面积的 60.94%，中幼龄林处于高生长阶段，具有较高的固碳速率和较大的碳汇增长潜力。因此，在实现碳达峰目标与碳中和愿景的过程中，除了大力推动经济结构、能源结构、产业结构转型升级，还应进一步加强以完善陆地生态系统结构与功能为主线的生态系统修复和保护措施，加强森林碳汇资源的综合监测工作，掌握森林碳汇资源的分布、结构及其种类，提升森林碳汇资源的生态系统状况、功能效益及其演变规律长期监测工作，进而增强以森林生态系统为主体的森林全口径碳汇功能，提升林业在碳达峰目标与碳中和过程中的参与度，打造具有中国特色的碳中和之路。

第二节　全口径碳汇评估方法

目前，森林生态系统碳汇的测算研究主要有生物量换算、森林生态系统碳通量测算和遥感测算三种主要途径。其中，基于生物量换算途径的森林碳储量测算方法主要有样地实测法（Preece et al., 2015）、材积源生物量法（Fang et al., 1998；林卓，2016）；基于森林生态系统碳通量途径的测算方法是净生态系统碳交换法（陈文婧，2013）；基于遥感测算途径的测算方法是遥感判读法（Li et al., 2015）。其中，样地实测法由于直接、明确、技术简单，省去了不必要的系统误差和人为误差，可以实现森林碳汇的精确测算（Whittaker et al., 1975）。

> 样地实测法（measurement of sample plot）：指在固定样地上用收获法连续调查森林的碳储量，通过不同时间间隔的碳储量的变化，测算森林生态系统的碳汇功能。

一、理论基础

森林生态系统碳库是由植被碳库和土壤碳库组成的。近年来，研究者对植被碳储量进行了大量研究（Fang et al.，2007），但土壤碳储量的研究相对薄弱。由于在树木生长过程中，树木通过光合作用吸收固定的绝大部分碳由根系和枯枝落叶转化成土壤有机质，蕴藏在土壤中。当林地的属性不发生变化时，林地土壤固碳能力通常不会发生较大的变动。因此，土壤是一个巨大的碳库，准确估算森林土壤碳汇作用变得尤为重要。土壤碳库的样地实测也是通过一段时间间隔内森林土壤碳储量的变化来测算森林生态系统的碳汇功能。

基于样地实测法测算森林生态系统的碳汇功能，即在固定样地上采用收获法计算不同时间间隔的碳储量变化。其中，森林生态系统的碳储量可通过生物量进行估算。由于植物通过光合作用可以吸收并贮存CO_2，植物每生产1克生物量（干物质）需吸收固定1.63克CO_2，可用生物量（干物质）重量来推算植物从大气中固定和贮存CO_2量。即：

$$M_C = 1.63 \times 12/44 C_B \approx 0.445 C_B \tag{5-1}$$

式中：M_C——碳储量（吨碳/公顷）；

C_B——生物量（吨/公顷）。

森林生态系统碳库是由植被碳库和土壤碳库组成的。近年来，研究者对植被碳储量进行了大量研究（Fang et al.，2007），但土壤碳储量的研究相对薄弱。由于在树木生长过程中，树木通过光合作用吸收固定的绝大部分碳由根系和枯枝落叶转化成土壤有机质，蕴藏在土壤中。当林地的属性不发生变化时，林地土壤固碳能力通常不会发生较大的变动。因此，土壤是一个巨大的碳库，准确估算森林土壤碳汇作用变得尤为重要。土壤碳库的样地实测也是通过一段时间间隔内森林土壤碳储量的变化来测算森林生态系统的碳汇功能。

Kolari等（2004）通过样地实测法计算了植被碳储量和土壤碳储量，获得整个森林生态系统的碳汇。2010年，中国森林生态服务功能评估项目组利用样地实测法，收集了大量长期野外观测数据，测算了植被碳储量和土壤碳储量，基于分布式测算方法获得了全国森林生态系统碳储量及其空间格局、动态变化情况（张永利等，2010；中国森林生态服务功能评估项目组，2010）。2013—2015年退耕还林生态效益监测国家报告基于森林生态连续清查体系，应用样地实测法对退耕还林重点省份、黄河和长江中下游区域以及风沙区森林生态系统碳储量及其空间格局、动态变化情况进行研究（国家林业局，2013，2014，2015）；中国森林资源核算研究项目组（2015）利用样地实测法，获得了第八次全国森林清查后的全国森林生态系统碳储量。

二、测算方法

为精确测量森林生态系统的碳汇功能，样地实测法需要将植被、凋落物和土壤各部分的碳储量进行实测，累加后得到整个森林生态系统的碳储量。森林生态系统固碳量分为植被固碳和土壤固碳两部分。其中，植被固碳包括地上和地下生物量的变化量，土壤固碳包括凋落物、根系等死有机物和土壤碳储量的变化量。

（一）植被层碳储量

野外实测森林生态系统总生物量与净初级生产力，探索森林生态系统碳密度空间分布特征；研究森林生态系统碳储量及年净固碳量的动态变化规律，为森林生态系统碳汇功能以及森林生态系统碳储量和碳循环研究提供基础数据。

1. 乔木层碳储量

根据乔木层各树种实测生物量和各树种含碳率相乘累加求得，其中某一树种单位面积碳储量的计算公式如下：

$$Q_D = B_s \cdot S_{\text{SOC}} + B_b \cdot B_{\text{SOC}} + B_l \cdot L_{\text{SOC}} + B_r \cdot R_{\text{SOC}} \tag{5-2}$$

式中：Q_D——某一树种单位面积碳储量（千克/公顷）；

B_s、B_b、B_l、B_r——干、枝、叶、根的生物量（千克/公顷）；

S_{SOC}、B_{SOC}、L_{SOC}、R_{SOC}——干、枝、叶、根的含碳率（%）。

2. 灌木层碳储量

根据灌木层各灌木实测生物量和含碳率相乘累加求得，其中某一灌木单位面积碳储量的计算公式如下：

$$Q_D = B \cdot S \tag{5-3}$$

式中：Q_D——某一种灌木单位面积碳储量（千克/公顷）；

B——某一种灌木单位面积生物量（千克/公顷）；

S——某一种灌木含碳率（%）。

3. 草本层碳储量

根据草木层各草木实测生物量和含碳率相乘累加求得，其中某一草木单位面积碳储量的计算公式如下：

$$Q_D = B \cdot S \tag{5-4}$$

式中：Q_D——某一种草本单位面积碳储量（千克/公顷）；

B——某一种草本单位面积生物量（千克/公顷）；

S——某一种草本含碳率（%）。

4. 枯落物层碳储量

$$Q_D = B \cdot S \tag{5-5}$$

式中：Q_D——单位面积枯落物碳储量（千克/公顷）；

B——单位面积枯落物生物量（千克/公顷）；

S——调落物含碳率（%）。

5. 层间植物碳储量

根据层间植物种类特点，可分别参照乔木、灌木、草本层碳储量测算方法计算。

6. 植被年净固碳量

$$Q_D = 1.63 \text{NPP} \times 27.27\% \tag{5-6}$$

式中：Q_D——植被年净固碳量[千克/（平方米·年）]；

NPP——单位面积枯落物生物量[千克/（平方米·年）]；

1.63——植被积累1克干物质，可以固定1.63克二氧化碳；

27.27%——二氧化碳中碳含量。

（二）土壤层碳储量

依据土壤类型和植被类型的空间分布设置土壤采样点并通过剖面法采集土壤样品，样品带回实验室后通过$FeSO_4$滴定的方法测定土壤中有机碳含量，具体采样方法和试验方法参照《森林生态系统长期定位观测方法》（GB/T 33027—2016）和《森林土壤分析方法》（LY/T 1210—1275）。公式如下：

1. 土壤有机碳含量

$$SOC = \frac{\frac{c \times 5}{V_0} \times (V_0 - V) \times 10^{-3} \times 3.0 \times 1.1}{m \cdot k} \times 1000 \tag{5-7}$$

式中：SOC——土壤有机碳含量（克/千克）

c——0.8000摩尔/升（$1/6K_2Cr_2O_7$）标准溶液的浓度；

5——重铬酸钾标准溶液加入的体积（毫升）；

V_0——空白滴定消耗的硫酸亚铁体积（毫升）；

V——样品滴定消耗的硫酸亚铁体积（毫升）；

3.0——1/4碳原子的摩尔质量（克/摩尔）；

10^{-3}——将毫升换算成升；

1.1——氧化校正系数；

m——风干土样质量（克）；

k——烘干土换算系数。

2. 土壤有机碳密度

$$SOCD_k = C_k \cdot D_k \cdot E_k \cdot (1 - G_k) / 100 \tag{5-8}$$

式中：$SOCD_k$——第 k 层土壤有机碳密度（千克/平方米）；

k——土壤层次；

C_k——第 k 层土壤有机碳含量（克/千克）；

D_k——第 k 层土壤密度（克/立方厘米）；

E_k——第 k 层土层厚度（厘米）；

G_k——第 k 层土层中直径大于 2 毫米石砾所占体积百分比（%）。

3. 土壤有机碳储量

$$TSOC = \sum_{i=1}^{k} SOCD_i \cdot S_i \tag{5-9}$$

式中：$TSOC$——土壤有机碳储量（千克）；

$SOCD_i$——第 i 样方土壤有机碳密度（千克/平方米）；

i——土壤碳储量计算样方。

（三）森林全口径固碳量

分别计算森林资源碳汇（乔木林碳汇＋竹林碳汇＋特灌林碳汇）、疏林地碳汇、未成林造林地碳汇、非特灌林灌木林碳汇、苗圃地碳汇、荒山灌丛碳汇、城区和乡村绿化散生林木碳汇，最后汇总为森林植被全口径碳汇。

年固碳量公式如下：

$$G_{碳} = G_{植被固碳} + G_{土壤固碳} \tag{5-10}$$

$$G_{植被固碳} = 1.63 R_{碳} \cdot A \cdot B_{年} \cdot F \tag{5-11}$$

$$G_{土壤固碳} = A \cdot S_{土壤} \cdot F \tag{5-12}$$

式中：$G_{碳}$——评估林分生态系统年固碳量（吨/年）；

$G_{植被固碳}$——评估林分年固碳量（吨/年）；

$G_{土壤固碳}$——评估林分对应的土壤年固碳量（吨/年）；

$B_{年}$——实测林分净生产力[吨/(公顷·年)]；

$R_{碳}$——二氧化碳中碳的含量，为 27.27%；

A——林分面积（公顷）；

$S_{土壤}$——单位面积实测林分土壤的固碳量[吨/(公顷·年)]；

F——森林生态系统服务修正系数。

公式计算得出森林的潜在年固碳量，再从其中减去由于森林年采伐造成的生物量移出从而损失的碳量，即为森林的实际年固碳量。

第三节 国有林场森林全口径碳中和评估

一、国有林场森林全口径碳中和

森林固碳释氧机制是通过自身的光合作用过程吸收二氧化碳,制造有机物,积累在树干、根部和枝叶等部位,并释放出氧气,从而抑制大气中二氧化碳浓度的上升,体现出绿色减排的作用(Liu et al., 2012)。依据"森林全口径碳汇"评估方法,对2018年秦皇岛市国有林场森林生态系统"碳汇"功能进行了评估,结果显示:2018年秦皇岛市国有林场森林生态系统吸收大气二氧化碳量为25.49万吨(图5-1)。从空间分布看,秦皇岛市国有林场森林生态系统每年吸收大气二氧化碳量介于0.50万吨至7.35万吨,其中祖山林场森林生态系统年吸收二氧化碳量最高,渤海林场森林生态系统年吸收二氧化碳量最低;森林生态系统年吸收二氧化碳量超过5.0万吨/年的林场有2个,年吸收二氧化碳量2.0万~5.0万吨/年的林场有3个,低于2万吨/年的林场有2个;年吸收二氧化碳量超过2万吨的林场占所有林场年吸收二氧化碳量的94.21%。各林场的森林"碳中和"能力大小与森林资源面积和森林质量紧密相关,森林由于其强大的碳汇能力,在地区节能减排、营造美丽生活发挥着重要作用,各林场应结合的区域生产状况,适当调整能源结构,对森林进行合理经营,从而有效地使森林发挥固碳功能,促进区域实现"碳达峰""碳中和"目标。

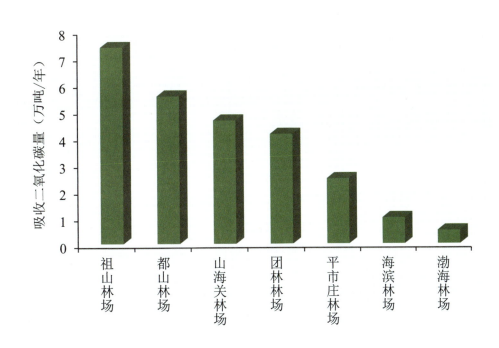

图 5-1 秦皇岛国有林场森林生态系统碳汇物质量分布

二、国有林场优势树种(组)全口径碳中和

依据"森林全口径碳汇"评估方法,对秦皇岛市国有林场优势树种(组)全口径碳功

能进行了评估，如图 5-2。从优势树种（组）看，秦皇岛市国有林场各优势树种（组）2020年碳汇量介于 0.03 万吨/年至 11.95 万吨/年，其中柞树和油松全口径碳汇量排前两位，每年吸收大气二氧化碳量分别为 11.95 万吨和 3.07 万吨，两个优势树种年吸收大气二氧化碳量占国有林场全口径碳汇量的 58.90%。研究结果进一步说明了凸显了柞树和油松在国有林场森林碳汇中的作用。

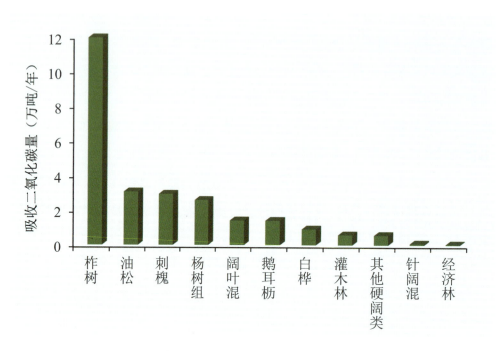

图 5-2　秦皇岛国有林场优势树种（组）全口径碳评估

第四节　碳中和价值实现路径典型案例

林业碳汇交易是碳排放权交易中一种重要补充机制，是开展生态补偿的市场化渠道，是推进"绿水青山"转化为"金山银山"生态价值实现的重要途径。国家发展改革委气候司发布的《温室气体自愿减排交易管理暂行办法》，建立了国家温室气体自愿减排交易机制。该机制支持将我国境内的可再生资源、林业碳汇等温室气体减排效果明显、生态效益突出的项目开发为温室气体减排项目，并获得一定的资金收益。截至 2021 年 4 月，温室气体自愿减排交易项目累计成交量约 2.91 亿吨二氧化碳当量，成交额约 24.35 亿元。2020 年 12 月，生态环境部发布了《碳排放权交易管理办法（试行）》，规定"重点排放单位每年可以使用国家核证自愿减排量抵销碳排放配额的清缴，抵销比例不得超过应清缴碳排放配额的 5%"。新政策明确规定了国家核证自愿碳减排量（CCER）可以抵消 5% 的指标配额，为林业碳汇进入碳市场提供了重要支撑。目前，我国的林业碳汇项目可参与国际性（CDM）、独立性（VCS、GS）、区域性（CCER、CGCF、FFCER、PHCER、BCER）等林业碳汇抵消机制碳交易，

一、降碳产品

2021 年 9 月，河北省为加快建立健全河北省生态产品价值实现机制，实现降碳产品价值有效转化，遏制高耗能、高排放行业盲目发展，助力经济社会发展全面绿色转型，印发了《关于建立降碳产品价值实现机制的实施方案（试行）》（简称《方案》）。该《方案》要求建立以政府主导、市场运作的"谁开发谁受益、谁超排谁付费"的降碳产品价值实现政策体系，调动全社会开发降碳项目积极性，激发"两高"企业节能减污降碳内生动力，充分发挥市场在资源配置中的决定性作用，推动降碳产品生态价值有效转化。

《方案》紧紧围绕增强造林固碳能力和营林固碳能力，持续开展大规模国土绿化行动。大力推进塞罕坝机械林场及周边区域林业质量提升工程，深入实施太行山燕山绿化、白洋淀上游规模化林场、雄安新区"千年秀林"等国家和省林业重点工程；科学选择造林树种，抓好中幼龄林抚育、退化林修复、疏林封育及补植补造、灌木林经营提升等工作；以降碳产品方法学为指导，加快全省降碳产品开发、申报、登记等工作，鼓励支持社会各界开发降碳产品，加强降碳项目储备。在钢铁行业开展建设项目碳排放环境影响评价试点，科学确定新改扩建项目碳排放量，核定现有钢铁企业年度碳排放总量，引导钢铁、焦化项目和超出核定总量的钢铁企业购买降碳产品，原则上新改扩建项目按照年核发排放量的 1% 一次性购买碳中和量，现有钢铁企业按照超出核定总量部分的 10% 购买碳中和量；依托河北省污染物排放权交易服务中心，建立全省降碳产品价值实现管理平台，组织实施降碳产品项目审核、备案；依托河北环境能源交易所建立全省统一的降碳产品价值实现服务平台，保障价值实现机制持续健康运行。

2021 年 9 月，河北省生态环境厅在雄安新区启动首批降碳产品生态价值实现仪式，河北省御道口林场、承德市滦平国有林场总场于营子林场、承德市狮子沟国有林场分别与唐山港陆钢铁有限公司、河北荣信钢铁有限公司、唐山市丰南区经安钢铁有限公司签订降碳产品生态价值实现协议进行交易；2021 年 12 月，河北省启动第二批降碳产品价值实现，完成降碳产品价值实现 24.8483 万吨二氧化碳当量，交易金额 1102.27 万元。截至 2021 年年底，河北省累计完成降碳产品价值实现 52.1889 万吨二氧化碳当量，交易金额 2315.1 万元。

秦皇岛市降碳产品资源丰富，积极开发降碳产品，实现降碳产品价值有效转化，不仅可以将生态优势转化为经济优势，助力实现秦皇岛二次创业，也必将有力推动全省产业结构绿色低碳转型，实现经济社会高质量发展。降碳产品生态价值实现服务平台启动运行，可以更好服务降碳产品生态价值实现，为保障价值实现机制持续健康运行，做大做优做强河北绿色低碳产业，注入绿色创新活力。

二、CCER 与 VCS 碳减排

1. 国家核证自愿碳减排量（CCER）

2021 年生态环境部新发布的《碳排放权交易管理办法》要求，重点排放单位每年可以使用国家核证自愿减排量抵消碳排放配额的清缴，抵销比例不得超过应清缴碳排放配额的 5%。企业在量化其碳足迹、实施了减排行为之后，还应通过抵消剩余温室气体排放来达到碳中和。2021 年纳入全国碳市场的覆盖排放量约为 40 亿吨，按照 CCER 可抵消配额比例 5% 测算，CCER 的年需求约为 2 亿吨。内蒙古森工集团国家核证自愿碳减排量（CCER）起步较早。2016 年集团所属根河林业局 18 万亩 200 多万吨国家核证自愿碳减排量（CCER）碳汇造林项目获得国家发展和改革委员会立项。

> 国家核证自愿减排量（Chinese Certified Emission Reduction，以下简称为"CCER"）：是指对我国境内可再生能源、林业碳汇、甲烷利用等项目的温室气体减排效果进行量化核证，并在国家温室气体自愿减排交易注册登记系统中登记的温室气体减排量。

2. 国际核证碳减排标准（VCS）

国际核证碳减排标准（Verified Carbon Standard，VCS）是 2005 年由气候组织、国际排放贸易协会、世界经济论坛和世界可持续发展工商理事会联合发起设立的一个全球性自愿减排项目标准，目的是为自愿碳减排交易项目提供一个全球性的质量保证标准。经过十几年的发展，VCS 项目已经发展成为世界上使用最广泛的碳减排项目之一。2021 年，内蒙古森工集团 26 万吨碳汇（VCS）减排量在内蒙古自治区产权交易中心挂牌竞价，并以总价 299 万元成交，该项目是根据国际核证碳减排标准开发的一个国际林业碳汇项目，是中国最大国有重点林区第一个成功注册的林业碳汇项目，为广大林区开展碳汇交易提供了"中国经验"。截至 2021 年 12 月，内蒙古森工集团累计实现碳汇交易总额 2110 万元。

三、林业碳票

福建三明市有森林面积 2712 万亩、森林覆盖率 78.73%、活立木蓄积量 1.82 亿立方米，据测算森林生态系统每年的服务功能价值 2642.30 亿元，但每年仅获得国家森林生态补偿费 2.71 亿元，与森林生态系统服务功能价值差距巨大。林业碳汇是目前社会认可的具有可量化技术标准和规范的交易体系，但由于林业碳汇交易制度设计复杂，存在技术门槛高、开发成本大、收益周期长等突出问题，现行林业碳汇价格不能弥补森林经营的实际投入，短期内难以为林业发展提供稳定的资金支持，同时现行的碳汇项目方法学不能真实反映森林固碳释氧的巨大功能。因此，三明市在 2021 年中共中央办公厅、国务院办公厅印发《关于建立健全生态产品价值实现机制的意见》后，创新推出"林业碳票"。

该制度有以下两方面的创新，一是，扩宽了碳汇项目的交易主体。出台《三明市林业碳票管理办法（试行）》，只要是权属清晰的林地、林木都可以申请"碳票"，将生态公益林、天然林、重点区位商品林等不能开发的林业碳汇项目全部纳入林业碳汇交易；二是，明确将森林固碳增量作为碳中和目标下衡量森林碳汇能力。制定了《三明林业碳票（SMCER）碳减排量计量方法》，采用森林年净固碳量作为碳中和目标来衡量森林碳汇能力，允许增量碳汇进行交易，拓展了生态产品的价值实现渠道。截至2021年8月，福建三明市已实施林业碳汇项目12个，面积118万亩，其中成功交易4个项目，交易金额1912万元。

三明市"林业碳票"制度的建立，从制度层面保障了碳减排量项目的开发和交易，从方法学层面扩展了林业碳汇生态产品的价值实现渠道，通过允许和鼓励林权、林木权属清晰的各类型的主体参与碳汇项目开发，引导机关、企事业单位、社会团体、公民等相关主体通过购买林业碳票或营造碳汇林，抵消碳排放量，推动"碳中和"行动。"林业碳票"更加准确地反映林业在实现碳中和愿景中的重要作用，更好地构建森林生态产品价值补偿机制，调动林业经营主体造林育林的积极性，对于增加森林面积、提升森林质量、促进森林健康、增强森林生态系统碳汇增量，实现碳中和意义重大。

四、单株碳汇精准扶贫

森林碳汇项目兼具应对气候变化和扶贫双重功能，森林碳汇扶贫是以欠发达地区的宜林地等资源开发为基础，以市场机制为主导，以贫困人口受益和发展机会创造为宗旨，以森林碳汇项目开发为载体，以贫困人口参与为主要特征，以机制构建为核心，在促进森林碳汇产业发展的过程中实现减贫脱贫的一种新兴扶贫模式（曾维忠，2016）。

贵州省林业资源丰富，全省森林面积1083.62万公顷，森林覆盖率达到61.5%。同时，贵州也是我国区域经济最不发达的区域，曾经是全国贫困人口最多的省份。在我国实施生态文明建设和精准扶贫两大战略的背景下，贵州省充分利用地区丰富的林业碳汇资源优势，开展碳汇精准扶贫试点工作。项目在借鉴国内外林业碳汇开展方法学的基础上，结合贵州退耕还林、封山育林、脱贫攻坚实际，以"株"为单位进行开发。

单株碳汇精准扶贫就是把每一户建档立卡的贫困户种植的每一棵树，编上身份证号，按照科学的方法测算出碳汇量，拍好照片，上传到贵州省单株碳汇精准扶贫平台，然后面向整个社会、整个世界致力于低碳发展的个人、企事业单位和社会团体进行销售；社会各界对贫困户碳汇的购买资金，将全额进入贫困农民的个人账户，碳汇购卖者在实现社会责任的同时，也可起到精准帮助贫困户脱贫的作用。截至2020年7月，贵州省已完成33个县682个村9356户群众单株碳汇项目开发，开发碳汇树木378.3万株。累计售出并到户碳汇资金189.7万元，已有3830户贫困家庭通过碳汇树增收。

第六章
秦皇岛市森林生态产品价值实现

党的十八大以来,生态文明建设纳入国家发展总体布局。党的十九大把"坚持人与自然和谐共生"作为新时代坚持和发展中国特色社会主义的基本方略。生态产品及其价值实现理念的提出是我国生态文明建设在思想上的重大变革,随着我国生态文明建设的逐步深入,逐渐演变成为贯穿习近平生态文明思想的核心主线,成为贯彻习近平生态文明思想的物质载体和实践抓手,显示出了强大的实践生命力和重要的学术理论价值(张林波等,2019)。2010年12月,国务院发布《全国主体功能区规划》,在政府文件中首次提出了生态产品概念,将生态产品与农产品、工业品和服务产品并列为人类生活所必需的、可消费的产品(国务院,2015)。生态环境与社会经济发展之间是一种相互影响的对立统一的关系。在两者之间人们往往更重视社会经济的发展,而忽略生态环境对人类生活质量的影响,导致经济发展与生态环境之间的矛盾加剧。随着人类生活水平的提高和环保意识的加强,人们在追求经济增长的同时,开始重视生态环境的保护和优化,如何协调经济社会增长与生态环境保护之间的关系成为亟待解决的问题。从现在起到2035年,是我国基本实现社会主义现代化和美丽中国目标的重要时期,努力将国家生态安全屏障和重要生态系统保护好、修复好,为基本实现社会主义现代化和美丽中国目标奠定坚实的生态基础(自然资源部,2020)。本章从秦皇岛国有林场森林生态系统服务功能评估结果出发,分析其变化特征与秦皇岛市社会经济的关联性和匹配性;分析其社会、经济、生态环境可持续发展所面临的问题,进而为政府决策提供科学依据。

第一节 秦皇岛市国有林场森林资源资产负债表编制

扩展国民经济核算体系核算方法:与国民经济核算体系兼容,是目前最主要的一种方法，以环境经济核算体系中心框架（SEEA）和环境经济核算体系实验生态系统核算（SEEA EEA）为代表。主要目标是将生态系统效益纳入国民经济核算体系，并计算它们对经济活动的贡献度。价值估算关注可以货币化的物品，并严格依赖交换价值。1994年，联合国统计署发布了《综合环境经济核算体系（SEEA—1993）》，为建立绿色国民经济核算总量，自然资源账户和污染账户提供一个共同框架（United Nations，1993）。2001年，内罗毕小组、UNSD和UNEP合作出版了《综合环境和经济核算——业务手册（SEEA—2000）》，SEEA-2000该版本强调了环境经济综合核算的性质和用途，还用较大篇幅详述了SEEA应用的10个步骤（United Nations，2000）。2003年，联合国又在各国实践的基础上对原有绿色核算体系框架进行了进一步的补充和完善，推出了《综合环境和经济核算—操作手册（SEEA—2003）》，重点介绍了环境与经济综合核算的有关核算账户（United Nations，2003）。2012年，联合国统计署和WB又出版了《环境经济核算体系—中心框架（SEEA—2012）》，修订后的SEEA将成为环境经济核算的国际统计标准。SEEA的核心内容主要有实物流量账户、环境账户和相关流量、环境资产的核算等（United Nations，2012）。自1993年第一版的SEEA发布，至2012年最新一版SEEA中心框架发布，已经经历了20多年。这20年的探索与进步使SEEA体系在国际核算上的地位越来越重。

SEEA—1993最开始是SNA的卫星账户体系，其理论中涉及森林资源环境经济核算的内容很少，更没有相关森林资源核算的单独章节。那时候，森林资源还并没有从自然资产分类中单独列出来呈现。

SEEA—2000版本更加注重了森林资源环境经济核算实践过程中的问题，给出了核算范围、实物账户和货币账户的编制与核算方法，对实际操作中的相关核算有指导意义。森林实物核算主要阐述了土地使用账户、森林自然资源账户和商品平衡状况三大内容。而货币核算账户主要阐述介绍了土地估价、立木估价和生物非培育资产估价的方法。

SEEA—2003版本中有关森林资源的内容更加具体，体系也更加完善，详细阐述了林地实物账户、木材实物账户、林地和木材货币账户、森林林产品账户、森林管理和保护支出的编制。除了详细给出了森林实物和价值账户的结构、定义、分类和编制方法等，还给出了一些可编制的补充性表及芬兰国家的账户数据表实例（United Nations，2004）。

SEEA—2012版本更加注重国际口径统一。有关森林资源的内容包括：完整的木材资源账户和土地账户中的森林和其他林地的资产账户。对于木材资源，给出了木材资源的定义与范围、实物型账户、价值型账户和碳账户。土地账户中的森林和其他林地的资产账户中，阐述了核算范围并给出了实物型账户表，价值型账户未单独列出。此外，SEEA—2012版本还给出了账户样表，各国根据本国实际情况可进行修改编制利用，是一个统一国际标准，也可供各国具体开展环境经济核算实践时借鉴。碳核算被单独作为一个核算账户提出，重视程度也越来越高。同时，随着联合国对森林生态系统服务的重视，SEEA—2012特别编制了

《SEEA试验性生态系统核算》，对生态系统物质量进行评估（UN，2012）。《SEEA试验性生态系统核算》提供了一个核算框架，整合生物数据、追踪生态系统中经济及人类活动相关的变化。它将核算概念和准则应用于生态系统评估和测量这一新兴领域，可满足环境可持续性、人类福祉、经济增长与发展综合信息的需求。

SEEA体系为我国森林资源核算与资产负债表的编制提供了启示。"探索编制自然资源资产负债表，对领导干部实行自然资源资产离任审计，建立生态环境损害责任终身追究制"是十八届三中全会做出的重大决定，也是国家健全自然资源资产管理制度的重要内容。2015年中共中央、国务院印发了《生态文明体制改革总体方案》，与此同时强调生态文明体制改革工作以"1+6"方式推进，其中包括领导干部自然资源资产离任审计的试点方案和编制自然资源资产负债表试点方案。研发自然资源资产负债表并探索其实际应用，无疑是国家加快建立生态文明制度，健全资源节约利用、生态环境保护体制，建设美丽中国的根本战略需求。2015年，国务院办公厅印发《编制自然资源资产负债表试点方案》（简称《试点方案》），部署全面加强自然资源统计调查和监测基础工作，坚持边改革实践边总结经验，逐步建立健全自然资源资产负债表编制制度。《试点方案》提出，通过探索编制自然资源资产负债表，推动建立健全科学规范的自然资源统计调查制度，努力摸清自然资源资产的家底及其变动情况，为推进生态文明建设、有效保护和永续利用自然资源提供信息基础、监测预警和决策支持。

自然资源资产负债表是用国家资产负债表的方法，将全国或一个地区的所有自然资源资产进行分类加总形成报表，显示某一时间点上自然资源资产的"家底"，反映一定时间内自然资源资产存量的变化，准确把握经济主体对自然资源资产的占有、使用、消耗、恢复和增值活动情况，全面反映经济发展的资源消耗、环境代价和生态效益，从而为环境与发展综合决策、政府生态环境绩效评估考核、生态环境补偿等提供重要依据。探索编制秦皇岛市国有林场森林资源资产负债表，是深化秦皇岛市国有林场生态文明体制改革，推进生态文明建设的重要举措。对于研究如何依托秦皇岛市国有林场丰富的森林资源，实施绿色发展战略，建立生态环境损害责任终身追究制，进行领导干部考核和落实十八届三中全会精神，以及解决绿色经济发展和可持续发展之间的矛盾等具有十分重要的意义。

一、账户设置

结合相关财务软件管理系统，以国有林场与苗圃财务会计制度所设定的会计科目为依据，建立三个账户：①一般资产账户，用于核算秦皇岛国有林场正常财务收支情况；②森林资源资产账户，用于核算秦皇岛国有林场森林资源资产的林木资产、林地资产、非培育资产；③森林生态系统服务功能账户，用来核算秦皇岛国有林场森林生态系统服务功能，包括：保育土壤、林木养分固持、涵养水源、固碳释氧、净化大气环境、森林防护、生物多样性保护、林木产品供给和森林康养等生态系统服务功能。

二、森林资源资产账户编制

联合国粮食及农业组织（FAO）编制的《林业的环境经济核算账户—跨部门政策分析工具指南》指出森林资源核算内容包括林地和林木资产核算、林产品和服务的流量核算、森林环境服务核算和森林资源管理支出核算。而我国的森林生态系统核算的内容一般包括：林木、林地、林副产品和森林生态系统服务。因此，参考FAO林业环境经济核算账户和我国国民经济核算附属表的有关内容，本研究确定的秦皇岛市国有林场森林资源核算评估的内容主要为林地、林木、林副产品。

1. 林地资产核算

林地是森林的载体，是森林物质生产和生态系统服务的源泉，是森林资源资产的重要组成部分，完成林地资产核算和账户编制是森林资源资产负债表的基础。本研究中林地资源的价值量估算主要采用年本金资本化法。其计算公式如下：

$$E_i = A_i / P_i \tag{6-1}$$

式中：E_i——评估年的林地资源价值量（元/亩）；

A_i——评估年的年平均地租（元/亩）；

P_i——评估年的利率（%）。

2. 林木资产核算

林木资源是重要的环境资源，可用于建筑和造纸、家具及其他产品生产，是重要的燃料来源和碳汇集地。编制林木资源资产账户，可将其作为计量工具提供信息，评估和管理林木资源变化及其提供的服务。在林木估价中，SEEA-2012推荐的方法包括立木价格法、消费价值法和净现值法。立木价格法、消费价值法需要立木价格以及不同林龄的单位面积蓄积量等数据，净现值法需要营林成本、采伐收入和折现率、经营期等数据。采用收益现值法评估幼龄林会产生幼龄林距离采伐收获时间长、折现期长而导致估计采伐时的蓄积量不准确、评估价值不准确的问题。自天然林停止商业性采伐后，我国大部分地区包括秦皇岛市在内，林木交易市场不完善，较少案例（往往是人工林）的平均价格不具有代表性，因此幼龄林、中龄林在估价方法的选择上排除了收益现值法和立木价格法。最终，以我国林业行业目前使用的《森林资源资产评估技术规范2015》为依据，综合考虑价值评估方法选择和数据可获得性相一致原则，本研究幼龄林、灌木林价值的评估采用了重置成本法，中龄林、近熟林林木价值量采用收获现值法，成熟林和过熟林价值的评估采用市场倒算法。其中，市场倒算法的基本原则于SEEA-2012推荐的立木价格法保持一致。

（1）幼龄林、灌木林等林木价值量采用重置成本法核算。其计算公式如下：

$$E_n = K \sum_{i=1}^{n} C_i (1+P)^{n-i+1} \tag{6-2}$$

式中：E_n——第 n 年林龄的林木价值（元/公顷）；

C_i——第 i 年的以现行工价及生产水平为标准的生产成本（元）；

K——林分质量调整系数，以株数保存率（r）与树高两项指标确定调整 K_1 和 K_2。当 $r>85\%$ 时，$K_1=1$；当 $r\leqslant85\%$ 时，$K_1=r$。$K_2=$ 现实林分平均树高/参照林分平均树高。$K=K_1*K_2$；

n——林分年龄；

P——投资收益率，取 5%。

（2）中龄林、近熟林林木价值量采用收获现值法计算。其计算公式为：

$$E_n = K \cdot \frac{A_u + D_a(1+P)^{u-a} + D_b(1+P)^{u-b} + \cdots}{(1+P)^{u-n}} - \sum_{i=1}^{n} \frac{C_i}{(1+P)^{i-n+1}} \qquad (6\text{-}3)$$

式中：E_n——林木资产评估值（元/公顷）；

K——林分质量调整系数；

A_u——标准林分 u 年主伐时的纯收入（元）（指林木销售收入扣除采运成本、销售费用、管理费用、财务费用及有关税费和木材经营的合理利润后的部分）；

D_a、D_b——标准林分第 a、b 年的间伐单位纯收入（元）（$n>a$，b 时，D_a，$D_b=0$）；

C_i——第 i 年的营林成本（元）（含地租）；

u——经营期；

n——林分年龄；

P——利率（%）。

（3）成熟林、过熟林林木价值量采用市场倒算法计算。其计算公式如下：

$$E_n = W - C - F \qquad (6\text{-}4)$$

式中：E_n——林木资产评估值（元/公顷）；

W——销售总收入（元）；

C——木材生产经营成本（包括采运成本、销售费用、管理费用、财务费用及有关税费）（元）；

F——木材生产经营合理利润（元）。

秦皇岛市各国有林场（都山林场、祖山林场、平市庄林场、山海关林场、海滨林场、渤海林场和团林林场）的森林资源资产负债表（传统资产+生态资产负债表）见表6-1至表6-7。

第六章 秦皇岛市森林生态产品价值实现

表 6-1 都山林场森林资源资产负债表（传统资产＋生态资产负债表）

单位：元

资产	行次	期初数	期末数	负债及所有者权益	行次	期初数	期末数
流动资产：	1			流动负债：	100		
货币资金	2	2006639.6		短期借款	101	226000	
短期投资	3			应付票据	102		
应收票据	4			应收账款	103		
应收账款	5			预收款项	104		
减：坏账准备	6			育林基金	105		
应收账款净额	7			拨入事业费	106		
预付款项	8			专项应付款	107	888520.26	
应收补贴款	9			其他应付款	108	516440.74	
其他应收款	10	-214243.91		应付工资	109		
存货	11			应付福利费	110		
待摊费用	12			未交税金	111	340.52	
待处理流动资产净损失	13			其他应交款	112	27300	
一年内到期的长期债券投资	14			预提费用	113		
其他流动资产	15			一年内到期的长期负债	114		
	16			国家投入	115		
	17			育林基金	116		
流动资产合计	18	1792395.69		其他流动负债	117		
营林、事业支出：	19			应付林木损失费	118		
营林成本	20			流动负债合计	119	1658601.52	

(续)

资产	行次	期初数	期末数	负债及所有者权益	行次	期初数	期末数
事业费支出				**负债及所有者权益：**			
营林、事业费支出合计	21			应付森源资本：	120		
森源资产：	22			应付森源资本	121		
森源资产	23			应付林木资本款	122		
林木资产	24	379558837.6		应付林地资本款	123		
林地资产	25	333807337.6		应付湿地资本款	124		
林产品资产	26	45751500		应付培育资本款	125		
培育资产	27			**应付生态资本：**	126		
应补森源资产：	28			应付生态资本	127		
应补森源资产	29			保育土壤	128		
应补林木资产款	30			林木养分固持	129		
应补林地资产款	31			涵养水源	130		
应补湿地资产款	32			固碳释氧	131		
应补非培育资产款	33			净化大气环境	132		
生量林木资产：	34			森林防护	133		
生量林木资产	35			生物多样性保护	134		
应补生态资产：	36			林木产品供给	135		
应补生态资产	37			森林康养	136		
保育土壤	38			其他生态服务功能	137		
林木养分固持	39			**长期负债：**	138		
	40			长期借款	139		

(续)

资产	行次	期初数	期末数	负债及所有者权益	行次	期初数	期末数
涵养水源	41			应付债券	140		
固碳释氧	42			长期应付款	141		
净化大气环境	43			其他长期负债	142		
森林防护	44			其中：住房周转金	143		
生物多样性保护	45			长期发债合计	144		
林木产品供给	46			负债合计	145		
森林康养	47			所有者权益：	146		
其他生态服务功能	48			实收资本	147		
生态交易资产：	49			资本公积	148		
生态交易资产	50			盈余公积	149		
保育土壤	51			其中：公益金	150		
林木养分固持	52			未分配利润	151		
涵养水源	53			生量林木资本	152		
固碳释氧	54			生态资本	153	471760625.86	
净化大气环境	55			保育土壤	154	42927332.06	
森林防护	56			林木养分固持	155	14733002.20	
生物多样性保护	57			涵养水源	156	234262646.87	
林木产品供给	58			固碳释氧	157	72784647.70	
森林康养	59			净化大气环境	158	33401171.04	
其他生态服务功能	60			森林防护	159	0.00	

(续)

资产	行次	期初数	期末数	负债及所有者权益	行次	期初数	期末数
生态资产：				生物多样性保护	160	72278226.00	
生态资产	62	471760625.86		林木产品供给	161	453600.00	
保育土壤	63	42927332.06		森林康养	162	920000.00	
林木养分固持	64	14733002.20		其他生态服务功能	163		
涵养水源	65	234262646.87		森源资本	164	379558837.6	
固碳释氧	66	72784647.70		林木资本	165	333807337.6	
净化大气环境	67	33401171.04		林地资本	166	45751500	
森林防护	68	0.00		林产品资本	167		
生物多样性保护	69	72278226.00		非培育资本	168		
林木产品供给	70	453600.00		生态交易资本	169		
森林康养	71			保育土壤	170		
其他生态服务功能	72			林木养分固持	171		
生量生态资产：				涵养水源	172		
生量生态资产	74			固碳释氧	173		
保育土壤	75			净化大气环境	174		
林木养分固持	76			森林防护	175		
涵养水源	77			生物多样性保护	176		
固碳释氧	78			林木产品供给	177		
净化大气环境	79			森林康养	178		
森林防护	80			其他生态服务功能	179		

(续)

资产	行次	期初数	期末数	负债及所有者权益	行次	期初数	期末数
生物多样性保护	81			生量生态资本	180		
林木产品供给	82			保育土壤	181		
森林康养	83			林木养分固持	182		
其他生态服务功能	84			涵养水源	183		
长期投资：	85			固碳释氧	184		
长期投资	86			净化大气环境	185		
固定资产：	87			森林防护	186		
固定资产原价	88	2977992.25		生物多样性保护	187		
减：累积折旧	89			林木产品供给	188		
固定资产净值	90	2977992.25		森林康养	189		
固定资产清理	91			其他生态服务功能	190		
在建工程	92				191		
待处理固定资产净损失	93				192		
固定资产合计	94				193		
无形资产及递延资产：	95			所有者权益合计	194		
递延资产	96				195		
无形资产	97				196		
无形资产及递延资产合计	98			所有者权益合计	197	8777753128.80	
资产总计	99	8777753128.80		负债及所有者权益总计	198	8777753128.80	

表 6-2 祖山林场森林资源资产负债表（传统资产 + 生态资产负债表）

单位：元

资产	行次	期初数	期末数	负债及所有者权益	行次	期初数	期末数
流动资产：	1			流动负债：	100		
货币资金	2	2284187.06		短期借款	101	50000.00	
短期投资	3			应付票据	102		
应收票据	4			应收账款	103		
应收账款	5			预收款项	104		
减：坏账准备	6			育林基金	105		
应收账款净额	7			拨入事业费	106		
预付款项	8			专项应付款	107		
应收补贴款	9			其他应付款	108	2658002.58	
其他应收款	10	373815.52		应付工资	109	333637.55	
存货	11	64172.04		应付福利费	110		
待摊费用	12			未交税金	111		
待处理流动资产净损失	13			其他应交款	112		
一年内到期的长期债券投资	14			预提费用	113		
其他流动资产	15			一年内到期的长期负债	114		
	16			国家投入	115		
	17			育林基金	116		
流动资产合计	18	2722174.62		其他流动负债	117		
营林、事业费支出：	19			应付林木损失费	118		
营林成本	20	3041640.13		流动负债合计	119		

(续)

资产	行次	期初数	期末数	负债及所有者权益	行次	期初数	期末数
事业费支出	21						
营林，事业费支出合计	22						
森源资产：	23			**应付森源及所有者权益**	120		
森源资产	24	6108823021.2		应付森源资本	121		
林木资产	25	5442706212.0		应付林木资本款	122		
林地资产	26	66552400		应付林地资本款	123		
林产品资产	27			应付湿地资本款	124		
培育资产	28			应付培育资本款	125		
应补森源资产：	29			**应付生态资本：**	126		
应补森源资产	30			应付生态资本	127		
应补林木资产款	31			保育土壤	128		
应补林地资产款	32			林木养分固持	129		
应补湿地资产款	33			涵养水源	130		
应补非培育资产款	34			固碳释氧	131		
生量林木资产：	35			净化大气环境	132		
生量林木资产	36			森林防护	133		
应付生态资产：	37			生物多样性保护	134		
应付生态资产	38			林产品供给	135		
保育土壤	39			森林康养	136		
林木养分固持	40			其他生态服务功能	137		
				长期负债：	138		
				长期借款	139		

（续）

资产	行次	期初数	期末数	负债及所有者权益	行次	期初数	期末数
涵养水源	41			应付债券	140		
固碳释氧	42			长期应付款	141		
净化大气环境	43			其他长期负债	142		
森林防护	44			其中：住房周转金	143		
生物多样性保护	45			长期负债合计	144		
林木产品供给	46			负债合计	145		
森林康养	47			所有者权益：	146		
其他生态服务功能	48			实收资本	147		
生态交易资产：	49			资本公积	148		
生态交易资产	50			盈余公积	149		
保育土壤	51			其中：公益金	150		
林木养分固持	52			未分配利润	151		
涵养水源	53			生量林木资本	152		
固碳释氧	54			生态资本	153	622250648.02	
净化大气环境	55			保育土壤	154	52936116.53	
森林防护	56			林木养分固持	155	19289185.17	
生物多样性保护	57			涵养水源	156	292595912.00	
林木产品供给	58			固碳释氧	157	96499572.28	
森林康养	59			净化大气环境	158	51251400.05	
其他生态服务功能	60			森林防护	159	0.00	

(续)

资产	行次	期初数	期末数	负债及所有者权益	行次	期初数	期末数
生态资产：				生物多样性保护	160	90271962.00	
生态资产	61			林木产品供给	161	1606500.00	
保育土壤	62	622250648.02		森林康养	162	17800000.00	
林木养分固持	63	52936116.53		其他生态服务功能	163		
涵养水源	64	19289185.17		森源资本	164	6108230 21.2	
固碳释氧	65	292595912.00		林木资本	165	544270621.20	
净化大气环境	66	96499572.28		林地资本	166	66552400	
森林防护	67	51251400.05		林产品资本	167		
生物多样性保护	68	0.00		非培育资本	168		
林木产品供给	69	90271962.00		生态交易资本	169		
森林康养	70	1606500.00		保育土壤	170		
其他生态服务功能	71	17800000.00		林木养分固持	171		
生量生态资产：	72			涵养水源	172		
生量生态资产	73			固碳释氧	173		
保育土壤	74			净化大气环境	174		
林木养分固持	75			森林防护	175		
涵养水源	76			生物多样性保护	176		
固碳释氧	77			林木产品供给	177		
净化大气环境	78			森林康养	178		
森林防护	79			其他生态服务功能	179		
	80						

(续)

资产	行次	期初数	期末数	负债及所有者权益	行次	期初数	期末数
生物多样性保护	81			生量生态资本	180		
林木产品供给	82			保育土壤	181		
森林康养	83			林木养分固持	182		
其他生态服务功能	84			涵养水源	183		
长期投资:	85			固碳释氧	184		
长期投资	86			净化大气环境	185		
固定资产:	87	2954381.53		森林防护	186		
固定资产原价	88	3829173.68		生物多样性保护	187		
减: 累计折旧	89	874792.15		林木产品供给	188		
固定资产净值	90			森林康养	189		
固定资产清理	91			其他生态服务功能	190		
在建工程	92	619000.00			191		
待处理固定资产净损失	93				192		
固定资产合计	94				193		
无形资产及递延资产:	95				194		
递延资产	96				195		
无形资产	97	14621965.15			196		
无形资产及递延资产合计	98	14621965.15		所有者权益合计	197	1253991190.52	
资产总计	99	1253991190.52		负债及所有者权益总计	198	1253991190.52	

表6-3 平市庄林场森林资源资产负债表（传统资产＋生态资产负债表）

单位：元

资产	行次	期初数	期末数	负债及所有者权益	行次	期初数	期末数
流动资产：				流动负债：			
货币资金	1	1023789.94		短期借款	100	297211.91	
短期投资	2	1023789.94		应付票据	101		
应收票据	3			应付账款	102		
应收账款	4			预收账项	103		
减：坏账准备	5			育林基金	104		
应收账款净额	6			拨入事业费	105		
预付款项	7			专项应付款	106		
应收补贴款	8			其他应付款	107		
其他应收款	9			应付工资	108	297211.91	
存货	10			应付福利费	109		
待摊费用	11			未交税金	110		
待处理流动资产净损失	12			其他应交款	111		
一年内到期的长期债券投资	13			预提费用	112		
其他流动资产	14			一年内到期的长期负债	113		
	15			国家投入	114		
	16			育林基金	115		
	17			其他流动负债	116		
流动资产合计	18	1023789.94		应付林木损失费	117		
营林、事业支出：	19			流动负债合计	118		
营林成本	20				119		

（续）

资产	行次	期初数	期末数	负债及所有者权益	行次	期初数	期末数
事业费支出	21						
营林、事业费支出合计	22						
森源资产：	23			应付森源资本：	120		
森源资产	24	213475753.6		应付森源资本	121		
林木资产	25	190242853.6		应付林木资本款	122		
林地资产	26	23232900		应付林地资本款	123		
林产品资产	27			应付湿地资本款	124		
培育资产	28			应付培育资本款	125		
应补森源资产：	29			应付生态资本：	126		
应补森源资产	30			应付生态资本	127		
应补林木资产款	31			保育土壤	128		
应补林地资产款	32			林木养分固持	129		
应补湿地资产款	33			涵养水源	130		
应补非培育资产款	34			固碳释氧	131		
生量林木资产：	35			净化大气环境	132		
生量林木资产	36			森林防护	133		
应补生态资产：	37			生物多样性保护	134		
应补生态资产	38			林木产品供给	135		
保育土壤	39			森林康养	136		
林木养分固持	40			其他生态服务功能	137		
				长期负债：	138		
				长期借款	139		

(续)

资产	行次	期初数	期末数	负债及所有者权益	行次	期初数	期末数
涵养水源	41			应付债券	140		
固碳释氧	42			长期应付款	141		
净化大气环境	43			其他长期负债	142		
森林防护	44			其中：住房周转金	143		
生物多样性保护	45			长期发债合计	144		
林木产品供给	46			负债合计	145	297211.91	
森林康养	47			所有者权益：	146	3845247.3	
其他生态服务功能	48			实收资本	147		
生态交易资产：	49			资本公积	148		
生态交易资产	50			盈余公积	149		
保育土壤	51			其中：公益金	150		
林木养分固持	52			未分配利润	151	3845257.39	
涵养水源	53			生量林木资本	152		
固碳释氧	54			生态资本	153	223113205.86	
净化大气环境	55			保育土壤	154	18470596.06	
森林防护	56			林木养分固持	155	5841968.74	
生物多样性保护	57			涵养水源	156	106921530.01	
林木产品供给	58			固碳释氧	157	31814338.20	
森林康养	59			净化大气环境	158	19324396.06	
其他生态服务功能	60			森林防护	159	0.00	

(续)

资产	行次	期初数	期末数	负债及所有者权益	行次	期初数	期末数
生态资产：							
生态资产	62	223113205.86		生物多样性保护	160	28686426.80	
保育土壤	63	18470596.06		林木产品供给	161	733950.00	
林木养分固持	64	5841968.74		森林康养	162	11320000.00	
涵养水源	65	106921530.01		其他生态服务功能	163		
固碳释氧	66	31814338.20		森源资本	164	213475753.6	
净化大气环境	67	19324396.06		林木资本	165	190242853.6	
森林防护	68	0.00		林地资本	166	23232900	
生物多样性保护	69	28686426.80		林产品资本	167		
林木产品供给	70	733950.00		非培育资本	168		
森林康养	71	11320000.00		生态交易资本	169		
其他生态服务功能	72			保育土壤	170		
生量生态资产：				林木养分固持	171		
生量生态资产	73			涵养水源	172		
保育土壤	74			固碳释氧	173		
林木养分固持	75			净化大气环境	174		
涵养水源	76			森林防护	175		
固碳释氧	77			生物多样性保护	176		
净化大气环境	78			林木产品供给	177		
森林防护	79			森林康养	178		
	80			其他生态服务功能	179		

(续)

资产	行次	期初数	期末数	负债及所有者权益	行次	期初数	期末数
生物多样性保护	81			生量生态资本	180		
林木产品供给	82			保育土壤	181		
森林康养	83			林木养分固持	182		
其他生态服务功能	84			涵养水源	183		
长期投资：	85			固碳释氧	184		
长期投资	86			净化大气环境	185		
固定资产：	87	3118679.36		森林防护	186		
固定资产原价	88	3118679.36		生物多样性保护	187		
减：累积折旧	89			林木产品供给	188		
固定资产净值	90			森林康养	189		
固定资产清理	91			其他生态服务功能	190		
在建工程	92				191		
待处理固定资产净损失	93				192		
固定资产合计	94	3118679.36			193		
无形资产及递延资产：	95				194		
递延资产	96				195		
无形资产	97				196		
无形资产及递延资产合计	98			所有者权益合计	197	440731428.75	
资产总计	99	440731428.75		负债及所有者权益总计	198	440731428.75	

表6-4　山海关林场森林资源资产负债表（传统资产＋生态资产负债表）

单位：元

资产	行次	期初数	期末数	负债及所有者权益	行次	期初数	期末数
流动资产：	1			流动负债：	100		
货币资金	2	9307618.59		短期借款	101	50000	
短期投资	3			应付票据	102		
应收票据	4			应收账款	103		
应收账款	5			预收款项	104		
减：坏账准备	6			育林基金	105		
应收账款净额	7			拨入事业费	106		
预付款项	8			专项应付款	107		
应收木贴款	9			其他应付款	108		
其他应收款	10	1666478.39		应付工资	109		
存货	11			应付福利费	110	81646.18	
待摊费用	12			未交税金	111	16430.19	
待处理流动资产净损失	13			其他应交款	112	7956450.39	
一年内到期的长期债券投资	14			预提费用	113		
其他流动资产	15			一年内到期的长期负债	114		
	16			国家投入	115		
	17			育林基金	116		
流动资产合计	18	10974096.98		其他流动负债	117		
营林、事业支出：	19			应付林木损失费	118		
营林成本	20			流动负债合计	119	8104526.76	

(续)

资产	行次	期初数	期末数	负债及所有者权益	行次	期初数	期末数
事业费支出	21			**应付森源资本：**	120		
营林、事业费支出合计	22			应付森源资本	121		
森源资产：	23			应付林木资本款	122		
森源资产	24	514928182.2		应付林地资本款	123		
林木资产	25	376005783		应付林湿地资本款	124		
林地资产	26	138922399.2		应付培育资本款	125		
林产品资产	27			**应付生态资本：**	126		
培育资产	28			应付生态资本	127		
应补森源资产：	29			保育土壤	128		
应补森源资产	30			林木养分固持	129		
应补林木资产款	31			涵养水源	130		
应补林地资产款	32			固碳释氧	131		
应补林湿地资产款	33			净化大气环境	132		
应补非培育资产款	34			森林防护	133		
生量林木资产：	35			生物多样性保护	134		
生量林木资产	36			林木产品供给	135		
应补生态资产：	37			森林康养	136		
应补生态资产	38			其他生态服务功能	137		
保育土壤	39			**长期负债：**	138		
林木养分固持	40			长期借款	139	150000	

(续)

资产	行次	期初数	期末数	负债及所有者权益	行次	期初数	期末数
涵养水源	41			应付债券	140		
固碳释氧	42			长期应付款	141	604000	
净化大气环境	43			其他长期负债	142		
森林防护	44			其中：住房周转金	143		
生物多样性保护	45			长期负债合计	144	754000	
林木产品供给	46			负债合计	145	8858526.76	
森林康养	47			所有者权益：	146		
其他生态服务功能	48			实收资本	147	1843077.61	
生态交易资产：	49			资本公积	148	150000	
生态交易资产	50			盈余公积	149	181758.53	
保育土壤	51			其中：公益金	150		
林木养分固持	52			未分配利润	151	2075340.9	
涵养水源	53			生量林木资本	152		
固碳释氧	54			生态资本	153	9114276663.27	
净化大气环境	55			保育土壤	154	30797976.76	
森林防护	56			林木养分固持	155	12115993.56	
生物多样性保护	57			涵养水源	156	187599337.34	
林木产品供给	58			固碳释氧	157	59900074.34	
森林康养	59			净化大气环境	158	37853035.32	
其他生态服务功能	60			森林防护	159	5392077760.00	

(续)

资产	行次	期初数	期末数	负债及所有者权益	行次	期初数	期末数
生态资产：							
生态资产	61			生物多样性保护	160	35554885.96	
保育土壤	62	9114427663.27		林木产品供给	161	2626000.00	
林木养分固持	63	3079797976.76		森林康养	162	5772600.00	
涵养水源	64	12115993.56		其他生态服务功能	163		
固碳释氧	65	1875993377.34		森源资本	164	514928182.2	
净化大气环境	66	599900074.34		林木资本	165	376005783	
森林防护	67	378530035.32		林地资本	166	138922399.2	
生物多样性保护	68	5392077600.00		林产品资本	167		
林木产品供给	69	35554885.96		非培育资本	168		
森林康养	70	2626000.00		生态交易资本	169		
其他生态服务功能	71	5772600.00		保育土壤	170		
	72			林木养分固持	171		
生量生态资产：				涵养水源	172		
生量生态资产	73			固碳释氧	173		
保育土壤	74			净化大气环境	174		
林木养分固持	75			森林防护	175		
涵养水源	76			生物多样性保护	176		
固碳释氧	77			林木产品供给	177		
净化大气环境	78			森林康养	178		
森林防护	79			其他生态服务功能	179		
	80						

(续)

资产	行次	期初数	期末数	负债及所有者权益	行次	期初数	期末数
生物多样性保护	81			生量生态资本	180		
林木产品供给	82			保育土壤	181		
森林康养	83			林木养分固持	182		
其他生态服务功能	84			涵养水源	183		
长期投资：	85			固碳释氧	184		
长期投资	86			净化大气环境	185		
固定资产：	87			森林防护	186		
固定资产原价	88	2205606.82		生物多样性保护	187		
减：累积折旧	89	71000		林木产品供给	188		
固定资产净值	90	2134606.82		森林康养	189		
固定资产清理	91			其他生态服务功能	190		
在建工程	92				191		
待处理固定资产净损失	93				192		
固定资产合计	94	2134606.82			193		
无形资产及递延资产：	95				194		
递延资产	96				195		
无形资产	97				196		
无形资产及递延资产合计	98			所有者权益合计	197	1439464549.27	
资产总计	99	1439464549.27		负债及所有者权益总计	198	1439464549.27	

表 6-5　海滨林场森林资源资产负债表（传统资产＋生态资产负债表）

单位：元

资产	行次	期初数	期末数	负债及所有者权益	行次	期初数	期末数
流动资产：				流动负债：	100		
货币资金	2	53449126.04		短期借款	101		
短期投资	3			应付票据	102		
应收票据	4			应收账款	103		
应收账款	5			预收账项	104		
减：坏账准备	6			育林基金	105		
应收账款净额	7			拨入事业费	106		
预付账项	8			专项应付款	107		
应收补贴款	9			其他应付款	108	3607527.51	
其他应收款	10	7754886.92		应付工资	109		
存货	11	52704		应付福利费	110		
待摊费用	12			未交税金	111	480280.96	
待处理流动资产净损失	13			其他应交款	112		
一年内到期的长期债券投资	14			预提费用	113		
其他流动资产	15			一年内到期的长期负债	114		
	16			国家投入	115		
	17			育林基金	116		
流动资产合计	18	61256716.96		其他流动负债	117		
营林、事业费支出：	19			应付林木损失费	118		
营林成本	20			流动负债合计	119	25417600.73	

(续)

资产	行次	期初数	期末数	负债及所有者权益	行次	期初数	期末数
事业费支出	21						
营林、事业费支出合计	22						
森源资产：	23			应付森源资本：	120		
森源资源资产	24	88615116.3		应付森源资本	121		
林木资产	25	57019716.3		应付林木资本款	122		
林地资产	26	31595400		应付林地资本款	123		
林产品资产	27			应付湿地资本款	124		
培育资产	28			应付培育资本款	125		
应补森源资产：	29			应付生态资本：	126		
应补森源资产	30			应付生态资本	127		
应补林木资产款	31			保育土壤	128		
应补林地资产款	32			林木养分固持	129		
应补湿地资产款	33			涵养水源	130		
应补非培育资产款	34			固碳释氧	131		
生量林木资产：	35			净化大气环境	132		
生量林木资产	36			森林防护	133		
应补生态资产：	37			生物多样性保护	134		
应补生态资产	38			林木产品供给	135		
保育土壤	39			森林康养	136		
林木养分固持	40			其他生态服务功能	137		
				长期负债：	138		
				长期借款	139		

（续）

资产	行次	期初数	期末数	负债及所有者权益	行次	期初数	期末数
涵养水源	41			应付债券	140		
固碳释氧	42			长期应付款	141	4368251.36	
净化大气环境	43			其他长期负债	142		
森林防护	44			其中：住房周转金	143		
生物多样性保护	45			长期发债合计	144		
林木产品供给	46			负债合计	145	2978585 2.09	
森林康养	47			**所有者权益：**	146		
其他生态服务功能	48			实收资本	147	74261322.19	
生态交易资产：	49			资本公积	148	66346201.16	
生态交易资产	50			盈余公积	149	545366.34	
保育土壤	51			其中：公益金	150		
林木养分固持	52			未分配利润	151	7369754.69	
涵养水源	53			生量林资本	152		
固碳释氧	54			生态资本	153	358689009.26	
净化大气环境	55			保育土壤	154	6161241.63	
森林防护	56			林木养分固持	155	2495957.82	
生物多样性保护	57			涵养水源	156	38196901.24	
林木产品供给	58			固碳释氧	157	12803704.53	
森林康养	59			净化大气环境	158	7233291.05	
其他生态服务功能	60			森林防护	159	113803200.00	

(续)

资产	行次	期初数	期末数	负债及所有者权益	行次	期初数	期末数
生态资产：	61						
生态资产	62	358689009.26		生物多样性保护	160	7354713.00	
保育土壤	63	6161241.63		林木产品供给	161	640000.00	
林木养分固持	64	2495957.82		森林康养	162		
涵养水源	65	38196901.24		其他生态服务功能	163	1700000000.00	
固碳释氧	66	12803704.53		森源资本	164	88615116.3	
净化大气环境	67	7233291.05		林木资本	165	57019716.3	
森林防护	68	1138803200.00		林地资本	166	31595400	
生物多样性保护	69	7354713.00		林产品资本	167		
林木产品供给	70	640000.00		非培育资本	168		
森林康养	71	1700000000.00		生态交易资本	169		
其他生态服务功能	72			保育土壤	170		
生量生态资产：	73			林木养分固持	171		
生量生态资产	74			涵养水源	172		
保育土壤	75			固碳释氧	173		
林木养分固持	76			净化大气环境	174		
涵养水源	77			森林防护	175		
固碳释氧	78			生物多样性保护	176		
净化大气环境	79			林木产品供给	177		
森林防护	80			森林康养	178		
				其他生态服务功能	179		

(续)

资产	行次	期初数	期末数	负债及所有者权益	行次	期初数	期末数
生物多样性保护	81			生量生态资本	180		
林木产品供给	82			保育土壤	181		
森林康养	83			林木养分固持	182		
其他生态服务功能	84			涵养水源	183		
长期投资：	85			固碳释氧	184		
长期投资	86	30657962.4		净化大气环境	185		
固定资产：	87			森林防护	186		
固定资产原价	88	12681445.5		生物多样性保护	187		
减：累积折旧	89	4755290.57		林木产品供给	188		
固定资产净值	90	7926154.93		森林康养	189		
固定资产清理	91			其他生态服务功能	190		
在建工程	92	4206339.99			191		
待处理固定资产净损失	93				192		
固定资产合计	94				193		
无形资产及递延资产：	95				194		
递延资产	96				195		
无形资产	97				196		
无形资产及递延资产合计	98			所有者权益合计	197	551351299.84	
资产总计	99	551351299.84		负债及所有者权益总计	198	551351299.84	

表6-6 渤海林场森林资源资产负债表（传统资产+生态资产负债表） 单位：元

资产	行次	期初数	期末数	负债及所有者权益	行次	期初数	期末数
流动资产：				流动负债：	100		
货币资金	2	25020271.10		短期借款	101		
短期投资	3			应付票据	102		
应收票据	4			应付账款	103	564679.04	
应收账款	5	10000.00		预收账项	104		
减：坏账准备	6			育林基金	105	65534281.78	
应收账款净额	7			拨入事业费	106		
预付款项	8	45126.20		专项应付款	107	3925853.14	
应收补贴款	9			其他应付款	108	4318825.67	
其他应收款	10	6291765.02		应付工资	109		
存货	11	35460.68		应付福利费	110	1011871.11	
待摊费用	12			未交税金	111	253603.18	
待处理流动资产净损失	13			其他应交款	112	273245.15	
一年内到期的长期债券投资	14			预提费用	113		
其他流动资产	15			一年内到期的长期负债	114		
	16			国家投入	115		
	17			育林基金	116		
流动资产合计	18	31402623.00		其他流动负债	117		
营林、事业费支出：	19			应付林木损失费	118		
营林成本	20	75882359.07		流动负债合计	119	75882359.07	

（续）

资产	行次	期初数	期末数	负债及所有者权益	行次	期初数	期末数
事业费支出	21						
营林、事业费支出合计	22						
森源资产：	23			应付森源资本：	120		
森源资产	24	37592854.28		应付森源资本	121		
林木资产	25	21621925.48		应付林木资本款	122		
林地资产	26	15970928.8		应付林地资本款	123		
林产品资产	27			应付湿地资本款	124		
培育资产	28			应付培育资本款	125		
应补森源资产：	29			应付生态资本：	126		
应补森源资产	30			应付生态资本	127		
应补林木资产款	31			保育土壤	128		
应补林地资产款	32			林养分固持	129		
应补湿地资产款	33			涵养水源	130		
应补非培育资产款	34			固碳释氧	131		
生量林木资产：	35			净化大气环境	132		
生量林木资产	36			森林防护	133		
应补生态资产：	37			生物多样性保护	134		
应补生态资产	38			林木产品供给	135		
保育土壤	39			森林康养	136		
林养分固持	40			其他生态服务功能	137		
				长期负债：	138		
				长期借款	139		

(续)

资产	行次	期初数	期末数	负债及所有者权益	行次	期初数	期末数
涵养水源	41			应付债券	140		
固碳释氧	42			长期应付款	141		
净化大气环境	43			其他长期负债	142		
森林防护	44			其中：住房周转金	143		
生物多样性保护	45			长期负债合计	144		
林木产品供给	46			负债合计	145		
森林康养	47			所有者权益：	146		
其他生态服务功能	48			实收资本	147	24426533.22	
生态交易资产：	49			资本公积	148	905803.72	
生态交易资产	50			盈余公积	149	1815661.8	
保育土壤	51			其中：公益金	150		
林木养分固持	52			未分配利润	151	-54234024.95	
涵养水源	53			生量林木资本	152	82244040.26	
固碳释氧	54			生态资本	153	110779855.06	
净化大气环境	55			保育土壤	154	3337729.21	
森林防护	56			林木养分固持	155	1272139.98	
生物多样性保护	57			涵养水源	156	21097227.97	
林木产品供给	58			固碳释氧	157	6570182.65	
森林康养	59			净化大气环境	158	3696485.25	
其他生态服务功能	60			森林防护	159	65293200.00	

(续)

资产	行次	期初数	期末数	负债及所有者权益	行次	期初数	期末数
生态资产：				生物多样性保护	160	3882740.00	
生态资产	61			林木产品供给	161	30150.00	
保育土壤	62	110779855.06		森林康养	162		
林木养分固持	63	3337729.21		其他生态服务功能	163	5600000.00	
涵养水源	64	1272139.98		森源资本	164	37592854.28	
固碳释氧	65	21097227.97		林木资本	165	21621925.48	
净化大气环境	66	6570182.65		林地资本	166	15970928.8	
森林防护	67	3696485.25		林产品资本	167		
生物多样性保护	68	65293200.00		非培育资本	168		
林木产品供给	69	3882740.00		生态交易资本	169		
森林康养	70	30150.00		保育土壤	170		
其他生态服务功能	71	5600000.00		林木养分固持	171		
生量生态资产：	72			涵养水源	172		
生量生态资产	73			固碳释氧	173		
保育土壤	74			净化大气环境	174		
林木养分固持	75			森林防护	175		
涵养水源	76			生物多样性保护	176		
固碳释氧	77			林木产品供给	177		
净化大气环境	78			森林康养	178		
森林防护	79			其他生态服务功能	179		
	80						

（续）

资产	行次	期初数	期末数	负债及所有者权益	行次	期初数	期末数
生物多样性保护	81			生量生态资本	180		
林木产品供给	82			保育土壤	181		
森林康养	83			林木养分固持	182		
其他生态服务功能	84			涵养水源	183		
长期投资：	85			固碳释氧	184		
长期投资	86			净化大气环境	185		
固定资产：	87	13826202.1		森林防护	186		
固定资产原价	88	16693547.55		生物多样性保护	187		
减：累积折旧	89	2867345.45		林木产品供给	188		
固定资产净值	90	13826202.1		森林康养	189		
固定资产清理	91			其他生态服务功能	190		
在建工程	92	741689.2			191		
待处理固定资产净损失	93				192		
固定资产合计	94	14567891.3			193		
无形资产及递延资产：	95				194		
递延资产	96				195		
无形资产	97				196		
无形资产及递延资产合计	98			所有权益合计	197	279413082.46	
资产总计	99	279413082.46		负债及所有者权益总计	198	279413082.46	

表 6-7 团林场森林资源资产负债表（传统资产＋生态资产负债表）

单位：元

资产	行次	期初数	期末数	负债及所有者权益	行次	期初数	期末数
流动资产：	1			流动负债：	100		
货币资金	2	116846679.94		短期借款	101	1200000	
短期投资	3			应付票据	102		
应收票据	4			应收账款	103		
应收账款	5			预收款项	104		
减：坏账准备	6			育林基金	105		
应收账款净额	7			拨入事业费	106		
预付款项	8	20000		专项应付款	107	169245399.79	
应收补贴款	9			其他应付款	108	26584095.84	
其他应收款	10	52373637.22		应付工资	109	263791.76	
存货	11			应付福利费	110		
待摊费用	12			未交税金	111	17682.86	
待处理流动资产净损失	13			其他应交款	112		
一年内到期的长期债券投资	14			预提费用	113		
其他流动资产	15			一年内到期的长期负债	114		
	16			国家投入	115		
	17			育林基金	116		
流动资产合计	18	169240317.16		其他流动负债	117	3774516.67	
营林、事业费支出：	19			应付林木损失费	118		
营林成本	20	201085486.92		流动负债合计	119		

（续）

资产	行次	期初数	期末数	负债及所有者权益	行次	期初数	期末数
事业费支出	21						
营林、事业费支出合计	22						
森源资产：				应付森源资本：	120		
森源资产	23			应付森源资本	121		
森源资产	24	443049578		应付林木资本款	122		
林木资产	25	132826478		应付林地资本款	123		
林地资产	26	310223100		应付湿地资本款	124		
林产品资产	27			应付培育资本款	125		
培育资产	28			应付生态资本：	126		
应补森源资产：	29			应付生态资本	127		
应补森源资产	30			保育土壤	128		
应补林木资产款	31			林木养分固持	129		
应补林地资产款	32			涵养水源	130		
应补湿地资产款	33			固碳释氧	131		
应补非培育资产款	34			净化大气环境	132		
生量林木资产：	35			森林防护	133		
生量林木资产	36			生物多样性保护	134		
应补生态资产：	37			林木产品供给	135		
应补生态资产	38			森林康养	136		
保育土壤	39			其他生态服务功能	137		
林木养分固持	40			长期负债：	138		
				长期借款	139	300000	

(续)

资产	行次	期初数	期末数	负债及所有者权益	行次	期初数	期末数
涵养水源	41			应付债券	140		
固碳释氧	42			长期应付款	141		
净化大气环境	43			其他长期负债	142		
森林防护	44			其中：住房周转金	143		
生物多样性保护	45			长期负债合计	144	300000	
林木产品供给	46			负债合计	145	201385486.92	
森林康养	47			所有者权益：	146		
其他生态服务功能	48			实收资本	147	2420130.68	
生态交易资产：	49			资本公积	148	2777271	
生态交易资产	50			盈余公积	149	6160122.1	
保育土壤	51			其中：公益金	150		
林木养分固持	52			未分配利润	151	-37036053.68	
涵养水源	53			生量林木资本	152	94627838.12	
固碳释氧	54			生态资本	153	972292447.46	
净化大气环境	55			保育土壤	154	24216573.27	
森林防护	56			林木养分固持	155	105555673.13	
生物多样性保护	57			涵养水源	156	165673609.96	
林木产品供给	58			固碳释氧	157	54212079.61	
森林康养	59			净化大气环境	158	250082172.30	
其他生态服务功能	60			森林防护	159	124896240.00	

(续)

资产	行次	期初数	期末数	负债及所有者权益	行次	期初数	期末数
生态资产：	61			生物多样性保护	160	34324849.20	
生态资产	62	9722292447.46		林木产品供给	161	931250.00	
保育土壤	63	24216573.27		森林康养	162	5324000000.00	
林木养分固持	64	10555673609.13		其他生态服务功能	163		
涵养水源	65	165673609.96		森源资本	164	443049578	
固碳释氧	66	54212079.61		林木资本	165	132826478	
净化大气环境	67	25082172.30		林地资本	166	310223100	
森林防护	68	1248962400.00		林产品资本	167		
生物多样性保护	69	34324849.20		非培育资本	168		
林木产品供给	70	931250.00		生态交易资本	169		
森林康养	71	5324000000.00		保育土壤	170		
其他生态服务功能	72			林木养分固持	171		
生量生态资产：	73			涵养水源	172		
生量生态资产	74			固碳释氧	173		
保育土壤	75			净化大气环境	174		
林木养分固持	76			森林防护	175		
涵养水源	77			生物多样性保护	176		
固碳释氧	78			林木产品供给	177		
净化大气环境	79			森林康养	178		
森林防护	80			其他生态服务功能	179		

(续)

资产	行次	期初数	期末数	负债及所有者权益	行次	期初数	期末数
生物多样性保护	81			生量生态资本	180		
林木产品供给	82			保育土壤	181		
森林康养	83			林木养分固持	182		
其他生态服务功能	84			涵养水源	183		
长期投资：	85			固碳释氧	184		
长期投资	86			净化大气环境	185		
固定资产：	87			森林防护	186		
固定资产原价	88			生物多样性保护	187		
减：累积折旧	89			林木产品供给	188		
固定资产净值	90			森林康养	189		
固定资产清理	91			其他生态服务功能	190		
在建工程	92				191		
待处理固定资产净损失	93				192		
固定资产合计	94				193		
无形资产及递延资产：	95				194		
递延资产	96				195		
无形资产	97				196		
无形资产及递延资产合计	98			所有者权益合计	197	1685676820.56	
资产总计	99	1685676820.56		负债及所有者权益总计	198	1685676820.56	

第二节　秦皇岛市森林生态效益精准量化补偿额度研究

2018年12月，国家多部门联合发布《建立市场化、多元化生态保护补偿机制行动计划》，提出以生态产品产出能力为基础健全生态保护补偿及其相关制度（张林波等，2020）。在《关于健全生态保护补偿机制的意见》的基础上，进一步细化、明确和强调了以生态产品产出能力为基础，健全生态保护补偿标准体系、绩效评估体系、统计指标体系和信息发布制度，用市场化、多元化的生态补偿方式实现生态产品价值（国家发展和改革委员会等，2018）。随着人们对森林认识的逐渐加深，对森林生态效益的研究力度也在逐步加大，森林生态效益受到了各级政府部门的重视。对生态补偿的研究有利于生态效益评估工作的推进与开展，生态效益评估又有助于生态补偿制度的实施和利益分配的公平性。根据"谁受益、谁补偿，谁破坏、谁恢复"的原则，应该完善对重点生态功能区的生态补偿机制，形成相应的横向生态补偿制度，森林生态效益补偿可以更好地给予生态效益提供者相应的补助（牛香，2012；王兵，2015）。2020年4月，财政部等4部门发布了关于印发《支持引导黄河全流域建立横向生态补偿机制试点实施方案》的通知，目的是通过逐步建立黄河流域生态补偿机制，实现黄河流域生态环境治理体系和治理能力进一步完善和提升，河湖、湿地生态功能逐步恢复，水源涵养、水土保持等生态功能增强，生物多样性稳步增加，水资源得到有效保护和节约集约利用（财政部等，2020）。这均为秦皇岛市森林生态效益量化补偿提供了依据。

> 森林生态效益科学量化补偿是基于人类发展指数的多功能定量化补偿，结合了森林生态系统服务和人类福祉的其他相关关系，并符合省级财政支付能力的一种对森林生态系统服务提供者给予的奖励。
>
> 人类发展指数是对人类发展情况的总体衡量尺度。主要从人类发展的健康长寿、知识的获取以及生活水平三个基本维度衡量一个国家取得的平均成就。

通过分析人类发展指数的维度指标，将其与人类福祉要素有机地结合起来，而这些要素又与生态系统服务密切相关。其中，人类福祉要素包括年教育类支出、年医疗保健类支出和年文教娱乐类支出。在认识三者关系的背景下，进一步提出了基于人类发展指数的森林生态效益多功能定量化补偿系数。具体方法和过程介绍如下：

该方法是基于人类发展指数，综合考虑各地区财政收入水平而提出的适合秦皇岛市森林生态效益多功能定量化补偿系数（MQC）。

$$MQC = NHDI \cdot FCI \tag{6-5}$$

式中：MQC——森林生态效益多功能定量化补偿系数（简称补偿系数）；

NHDI——人类发展基本消费指数；

FCI——财政相对补偿能力指数。

其中，

$$\mathrm{NHDI} = (C_1 + C_2 + C_3)/\mathrm{GDP} \tag{6-6}$$

式中：C_1、C_2 和 C_3——居民消费中的食品类支出、医疗保健类支出、文教娱乐用品及服务类支；

GDP——某一年的国民生产总值。

$$\mathrm{FCI} = G/G_{河北} \tag{6-7}$$

式中：G——秦皇岛市的财政收入；

$G_{河北}$——河北省的财政收入。

所以公式转换：

$$\mathrm{MQC} = [(C_1 + C_2 + C_3)/\mathrm{GDP}]G/G_{河北} \tag{6-8}$$

由森林生态效益多功能定量化补偿系数可以进一步计算补偿总量及补偿额度，公式如下：

$$\mathrm{TMQC} = \mathrm{MQC} \cdot V \tag{6-9}$$

式中：TMQC——森林生态效益多功能定量化补偿总量（简称为补偿总量）；

V——森林生态效益。

$$\mathrm{SMQC} = \mathrm{TMQC}/A \tag{6-10}$$

式中：SMQC——森林生态效益多功能定量化补偿额度（简称为补偿额度）；

A——森林面积。

2016年5月，国务院办公厅发布《关于健全生态保护补偿机制的意见》（简称《意见》），提出"以生态产品产出能力为基础，加快建立生态保护补偿标准体系"（国务院办公厅，2016）。《意见》要求建立多元化生态保护补偿机制，将生态补偿作为生态产品价值实现的重要方式，明确生态产品产出能力是生态补偿标准的确定依据。根据《河北经济年鉴（2018）》和《秦皇岛市2018年国民经济和社会发展统计公报》数据，计算得出秦皇岛市森林生态效益多功能定量化补偿系数、财政相对补偿能力指数、补偿总量及补偿额度（表6-8）。秦皇岛市森林生态系统补偿总量为2.169亿元/年，补偿额度为569.063[元/（公顷·年）]，37.938[元/（亩·年）]。

表 6-8　秦皇岛市森林生态系统定量化补偿情况

财政相对补偿能力指数	人类发展基本消费指数	补偿系数(%)	补偿总量(亿元/年)	补偿额度	
				[元/(公顷·年)]	[元/(亩·年)]
0.046	0.113	0.525	2.169	569.063	37.938

生态保护补偿狭义上是指政府或相关组织机构从社会公共利益出发向生产供给公共性生态产品的区域或生态资源产权人支付的生态保护劳动价值或限制发展机会成本的行为，是公共性生态产品最基本、最基础的经济价值实现手段；生态补偿机制可以有效地提高流域生态环境的治理效果，更好地激励当地群众积极性，充分发挥生态补偿机制促进流域治理的效用。利用人类发展指数等方法计算的生态效益定量化补偿系数是一个动态的补偿系数，不但与人类福祉的各要素相关，而且进一步考虑了秦皇岛市财政的相对支付能力。以上数据说明，随着人们生活水平的不断提高，人们不再满足于高质量的物质生活，对于舒服环境的追求已经成为一种趋势，而森林生态系统对舒适环境的贡献已形成共识，所以如果政府每年投入约 0.836% 的财政收入来进行森林生态效益补偿，那么相应地将会极大提高当地人民的幸福指数，这将有利于秦皇岛市的森林资源经营与管理。

探索开展生态产品价值计量，推动横向生态补偿逐步由单一生态要素向多生态要素转变，丰富生态补偿方式，加快探索绿水青山就是金山银山的多种现实转化路径（财政部等，2020）。根据秦皇岛市森林资源数据，将全市森林划分为 11 个优势树种（组），依据森林生态效益多功能定量化补偿系数，得出不同的优势树种（组）所获得的分配系数、补偿总量及补偿额度。秦皇岛市各优势树种（组）分配系数、补偿总量和补偿额度见表 6-9，各优势树种（组）补偿分配系数介于 0.188%～32.156% 之间，最高的为柞树（32.156%），其次为经济林（22.595%）和油松（17.907%），最低的为针阔混（0.188%）。补偿额度前 3 的优势树种（组）为杨树组、油松和柞树，分别为 50.608 [元/（亩·年）]、46.330 [元/（亩·年）] 和 45.327 [元/（亩·年）]；补偿额度最低的 3 个优势树种（组）为其他软阔类、经济林和灌木林，分别为 35.724 [元/（亩·年）]、28.873 [元/（亩·年）] 和 26.769 [元/（亩·年）]。补偿总量的变化趋势与补偿系数的变化趋势一致，均与各树种组的森林生态效益价值量成正比，但与各优势树种（组）的补偿额度并不一致，这是因为各优势树种（组）的面积和质量不同。

表 6-9　秦皇岛市各优势树种（组）生态效益多功能定量化补偿

优势树种（组）	生态价值(亿元/年)	分配系数(%)	补偿总量(亿元/年)	补偿额度	
				[元/(公顷·年)]	[元/(亩·年)]
柞树	109.439	32.156	0.697	679.911	45.327

(续)

优势树种（组）	生态价值（亿元/年）	分配系数（%）	补偿总量（亿元/年）	补偿额度	
				[元/（公顷·年）]	[元/（亩·年）]
油松	60.942	17.907	0.388	694.944	46.330
针阔混	0.639	0.188	0.004	648.775	43.252
其他软阔类	20.897	6.140	0.133	535.864	35.724
其他硬阔类	1.026	0.301	0.007	629.063	41.938
杨树组	25.543	7.505	0.163	759.116	50.608
鹅耳枥	4.207	1.236	0.027	595.983	39.732
刺槐	10.731	3.153	0.068	670.428	44.695
阔叶混	1.763	0.518	0.011	576.614	38.441
经济林	76.899	22.595	0.490	433.102	28.873
灌木林	28.246	8.300	0.180	401.532	26.769

注：表中各优势树种（组）生态效益不包括森林防护、林木产品供给和森林康养价值。

第三节　秦皇岛市国有林场森林生态系统服务特征及科学对策

党的十八大报告中，生态文明建设被提到前所未有的战略高度，生态文明建设在理念上的重大变革就是不仅仅要运用行政手段，而是要综合运用经济、法律和行政等多种手段协调解决社会经济发展与生态环境之间的矛盾。增强生态产品生产能力被作为生态文明建设的重要任务，体现了"改善生态环境就是发展生产力"的理念（习近平，2017），突出强调生态环境是一种具有生产和消费关系的产品，是使用经济手段解决环境外部不经济性、运用市场机制高效配置生态环境资源的具体体现。党的十九大报告明确提出："既要创造更多物质财富和精神财富以满足人民日益增长的美好生活需要，也要提供更多优质生态产品以满足人民日益增长的优美生态环境需要"。2018年4月，习近平总书记在深入推动长江经济带发展座谈会上强调指出："要积极探索推广绿水青山转化为金山银山的路径，选择具备条件的地区开展生态产品价值实现机制试点，探索政府主导、企业和社会各界参与、市场化运作、可持续的生态产品价值实现路径"。2020年4月，中央全面深化改革委员会第十三次会议审议通过《全国重要生态系统保护和修复重大工程总体规划（2021—2035年）》，将提高生态产品生产能力作为生态修复的目标。会议强调要统筹山水林田湖草一体化保护和修复，增强生态系统稳定性，促进自然生态系统质量的整体改善和生态产品供给能力的全面增强。该规划明确以山水林田湖草系统工程为依托，强化提升公共性生态产品生产供给能力，进一步强调了生态产品与山水林田湖草的关系，强调用系统的思想保护生态环境，为实现生态产品价值指明了方向。秦皇岛市国有林场森林生态效益的评估结果表明，森林生态系统增加了蓄水量，防护了海岸，提升了森林康养，净化了大气环境，提高了生物多样性，改善了水土流失状况等。由于区域自然地理分异性、工程措施、政策措施和社会经济等因素的影响，国有林场森林生态效益的空间格局比较显著。这些潜在的功能对人们的生产生活至关重要，同时与人们的社会经济活动关系密切。国有林场森林生态系统服务功能同样与本市乃至京津冀地区的社会经济活动有着密切的联系。

一、秦皇岛市国有林场森林生态系统服务特征

（一）生态效益巨大但空间分布不均，沿海林场大于北部山区林场

国有林场森林生态系统服务功能总价值量为36.70亿元/年，相当于2018年秦皇岛市GDP的2.24%（秦皇岛市统计局，2019），是2017年秦皇岛市农林牧渔业总产值的10.49%，是2017年秦皇岛市林业总产值的3.65倍（河北省统计局，2019）（图6-1）。可见，国有林场森林态系统服务功能发挥着重大价值。

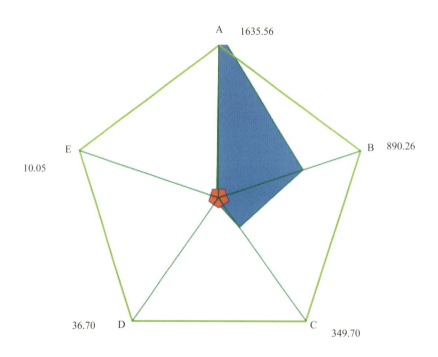

图 6-1　秦皇岛市指标经济价值及国有林场森林生态系统服务功能价值

注：A：2018秦皇岛市GDP；B：2018秦皇岛市服务业总产值；C：2017秦皇岛市农林牧副渔业总产值；D：国有林场森林生态服务功能总价值；E：2017秦皇岛市林业总产值。其中，A、B、C、E的单位为亿元，D的单位为亿元/年。

秦皇岛国有林场森林面积仅为全市森林面积的5.62%，但产生的生态效益却占全市森林生态系统服务功能总价值量的8.89%。国有林场森林生态效益在空间上呈现非均匀分布，整体上表现为森林面积越大、质量越高、水热条件越好、旅游资源越丰富的区域，其生态效益越高。这种空间分布特征在森林生态效益的自然地理区域空间分布与各国有林场空间分布中

均有所体现。在自然地理区域空间分布上，国有林场森林生态效益价值量空间格局表现为沿海地区林场（团林林场、山海关林场）大于北部山区林场（祖山林场和都山林场）和中部丘陵地区林场（平市庄林场）。在各林场区域空间分布上，森林生态系统生态效益价值量空间分布与其森林面积的空间分布不呈正相关，森林面积最大的祖山林场（6151.08 公顷）和都山林场（4492.95 公顷），其生态效益价值量位于第 3（6.22 亿元 / 年）和第 4 位（4.72 亿元 / 年）；而森林面积排第 3 和第 4 位的山海关林场（4269.32 公顷）和团林林场（3160.58 公顷），其生态效益价值量排第 2（9.11 亿元 / 年）和第 1 位（9.72 亿元 / 年）；海滨林场森林面积也较小，仅为 770.47 公顷，但其森林生态服务功能价值缺高于森林面积较大的平市庄林场；仅有渤海林场的森林面积为最小的 431.54 公顷，其对应的森林生态系统服务功能价值量也为最小的 1.11 亿元 / 年（图 6-2），这与不同林场所处位置和发挥的服务功能价值不同有关，团林林场和山海关林场的森林康养功能和森林防护功能较大，且占各自林场服务功能总价值的 50% 以上。

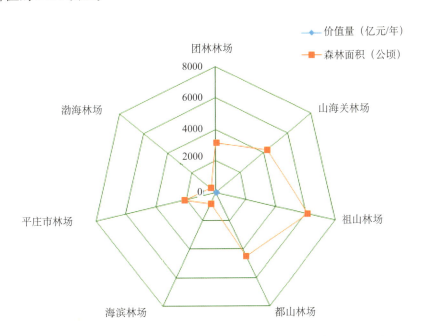

图 6-2　国有林场森林生态系统服务功能价值量及森林面积空间分配格局

（二）以水土保持为主导功能，保持水土效益显著，提升潜力较大

国有林场森林涵养水源总量达 0.70 亿立方米 / 年，相当于全市水资源总量的 4.81%，相当于洋河水库库容 3.86 亿立方米的 18.13%，也是 2018 年秦皇岛市城市环境用水量、居民生活用水量、工业用水量和城市公共用水量的 1.13 倍、1.15 倍、1.32 倍和 1.94 倍（图 6-3）。不难看出，国有林场森林涵养水源量是全市公共用水量的 1.5 倍以上。可见，国有林场森林生态系统涵养水源功能对维持全市乃至京津冀地区水源安全具有重要意义，成功发挥了"绿色水库"的作用。

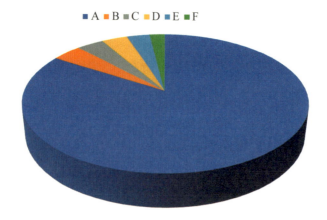

图 6-3　秦皇岛市用水量及国有林场森林生态系统服务功能涵养水源量

注：A：2018年秦皇岛市水资源总量；B：2018年秦皇岛市国有林场森林涵养水源量；C：2018年秦皇岛市城市环境用水量；D：2018年秦皇岛市居民生活用水量；E：2018年秦皇岛市工业用水量；F：2018年秦皇岛市城市公共用水量。其中，A、C、D、E、F的单位是亿立方米，B的单位是亿立方米/年。

利用森林的涵养水源与保育土壤两项生态功能，解决我国所面临的水土流失问题是森林生态系统的基本功能之一。秦皇岛市国有林场森林生态系统涵养水源与保育土壤两项功能生态效益价值量共占总价值量的33.38%，处于主导地位。以涵养水源功能价值量所占比重最大，达到了28.51%，涵养水源总量达7011.39万立方米/年，成功发挥了"绿色水库"的作用。国有林场森林生态系统保育土壤功能价值量占总价值比重为4.87%，共固土64.04万吨/年，保肥总量达4.77万吨/年，有效降低了全市的土壤侵蚀量。国有林场森林生态系统很大程度上减少了水土流失，但就目前现状而言，由于缺乏科学的森林抚育和管理制度，导致部分林场的生态效益没有得到充分发挥。建议除增加造林面积和丰富树种选择外，重点结合妥善的森林抚育措施，例如加强对土地进行松土除草、抚育采伐、透光抚育等措施，使国有林场的森林生态效益得到充分发挥，为全市乃至京津冀的社会经济可持续发展提供生态环境基础。

（三）森林防护功能较大，仍有提升空间

海岸线上的海岸、海滩、沙丘和盐沼等资源能使内陆免受海水侵蚀和洪水侵袭（UK National Ecosystem Assessment，2011）。海岸具有重要的文化价值，在英国每年有超过2.5亿人次来英国海岸旅游，其中约三分之一的海岸是自然栖息地；这些地区在沿海防御、沉积物运输和鱼类育苗中也有重要作用（UK National Ecosystem Assessment，2011）。本研究中的森林防护功能为沿海防护林的海岸防护功能，国有林场森林生态系统森林防护价值为8.43亿元/年，占总价值量的22.97%，仅次于涵养水源功能，可见森林防护功能较大，占全市森林生态系统森林防护功能的27.77%。海岸也具有休闲功能，根据英国休闲访问调查，大约1/3的旅游的目的地是乡村、海岸和林地（UK National Ecosystem Assessment，2011）。沿海防护林只能分布在特定区域内，且森林防护的海岸防护功能以山海关林场、海滨林场、渤海

林场和团林林场为主；山海关林场、海滨林场、渤海林场和团林林场的森林防护功能分别占各自林场总价值量的 59.16%、31.73%、58.94% 和 12.85%。可见，山海关林场和渤海林场的森林防护功能占总价值的比例接近 60%，但海滨林场和团林林场的森林防护功能占总价值的比例还较低，尤其是团林林场的沿海防护林面积较小，仅占团林林场总面积的 23.52%，但团林林场还有 584.16 公顷的宜林地，故今后提升团林林场森林防护功能可行。

（四）森林康养功能较突出，但地域分布不均，仅局限于沿海林场

《秦皇岛市城市总体规划（2008—2020 年）》将秦皇岛城市性质定性为：我国著名的滨海旅游、休闲、度假胜地，这就要求发挥高质量的森林康养功能。秦皇岛市全域森林生态系统森林康养价值为 8.32 亿元/年，国有林场占全市森林康养总价值的 89.42%，其他区域森林康养价值仅占 10.58%（图 6-4）。这表明全市森林生态系统的森林康养功能价值绝大部分都来自于国有林场，也说明其他区域发挥的森林康养功能较低，森林康养功能的覆盖面太窄。而其中团林林场的森林康养价值占全市森林康养价值的 63.99%，占 7 个国有林场森林康养价值的 71.51%，说明其他林场基本没有发挥出应有的森林康养价值，这就需要不断的拓宽森林康养的覆盖面；一方面不断巩固和提升国有林场的森林康养功能；另一方面对国有林场之外的区域要不断开拓出新的旅游景点和规划新的旅游产品。

党的十九大报告中明确提出"实施健康中国战略"，把康养产业推动到国家战略层面上发展，有助于提高社会和市场的认同度。森林康养有助于提高人体免疫力和健康指数。显然，人们对健康的追求是森林康养发展势头强劲的内生动力。国有林场森林生态系统森林康养功能总价值量为 7.44 亿元/年，占总价值量的 20.27%，排第 3，价值量较大；秦皇岛国有林场森林康养价值相当于 2018 年全市 GDP 的 0.45%，也相当于 2018 年秦皇岛市旅游收入的 0.90%。但主要以沿海林场为主，团林林场和海滨林场森林康养功能占各自林场总价值量的 54.76% 和 47.39%，其他 5 个林场森林康养功能占各自林场总价值量的比例在 0.20% ~ 5.07% 之间。可见，森林康养功能发挥的范围较窄，亟需提升其他林场的森林康养功能。

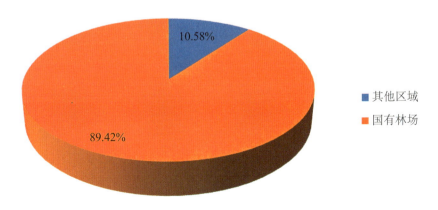

图 6-4　国有林场森林康养价值占全市森林康养价值比例

（五）森林达到了净化了大气环境的效果，但林木治污减霾能力还不够显著

《2012年环境经济核算体系中心框架》（SEEA—2012）（United Nations，2014）中关于空气排放物核算明确指出空气排放物指基层单位和住户生产、消费和积累过程中向大气中排放的气态和颗粒物。森林生态系统在空气质量调节中有重要的作用，主要是森林植被通过对污染物的截留、滞纳以及吸附（UK National Ecosystem Assessment，2011）。世界上许多国家都采用植树造林的方法降低大气污染程度，植被对降低空气中细颗粒物浓度和吸收污染物的作用极其显著。国有林场森林生态系统净化大气环境价值1.78亿元/年，仅占总价值量比重为4.85%，排所有功能类别的第七位，国有林场净化大气环境功能价值也仅占全市净化大气环境功能价值的5.71%，这一比例低于其他省市净化大气环境功能在总价值量中的比例（国家林业局，2018）。故急需提升国有林场森林生态系统的净化大气环境功能。从林场分布上看，表现为北部山区林场森林植被的净化大气功能较高，但北部地区空气污染物排放较少；而南部和东部沿海地区是城市聚集区，城市地区污染排放严重，但城市地区的森林面积却小于北部山区，研究发现靠近繁华路段街道的树木对颗粒物截留程度通常远远大于远距离植被的截留程度（UK National Ecosystem Assessment，2011），这说明国有林场森林面积与排放源的空间匹配度不合理，故需要大力发展城市地区，造林计划多安排在大气污染物排放源的区域。从优势树种（组）来看，阔叶树占有绝对优势，林场多以柞树、刺槐、杨树组、鹅耳枥、白桦为主，油松等针叶树面积较小，而阔叶树吸收大气污染物和滞尘能力弱于针叶树，故秦皇岛国有林场林木治污减霾能力还不够显著。总体来看，国有林场森林有利于改善大气环境，提高人民生活质量与幸福指数，并有助于建立森林大气环境动态评价、监测和预警体系，为各级政府部门决策和政策制定及时提供科学依据，但由于树种结构尚不合理，虽然发挥了一定的净化大气环境功能，但其治污减霾能力还不够显著。

（六）生物多样性保护功能相对较低，还有待提升

长期以来，人类在开展生活和生产活动时，由于对生物多样性等自然资源价值的问题存在片面的认识，认为生物多样性资源无价、环境公有，片面追求经济利益最大化，过度开发和消耗生物多样性资源，不考虑环境的承载能力，导致生物多样性资源短缺甚至枯竭。由于森林优越的自然条件，使森林成为多种动植物生存和繁衍的栖息地，因此森林是世界上最丰富的生物基因库和资源库，对维持地球上的生命具有无法估量的作用。为了加强对生物多样性资源的价值认识，联合国环境规划署要求《生物多样性公约》缔约国进行广泛国情研究，重点评估生物多样性的经济价值，《中国21世纪议程》也提出要对生物多样性的经济价值进行核算。国有林场森林生态系统生物多样性保护价值为2.72亿元/年，占总价值的7.42%，排所有功能类别的第六位，也仅是全市生物多样性保护价值的5.43%，生物多样性保护功能价值较低，这是因为林地破碎化对生物多样性和林地其他价值产生长期不利影响（UK National Ecosystem Assessment，2011），但秦皇岛国有林场的林地景观破碎度和离散度均较

低，聚集度和连通度均较高（表2-5），应该有较高的生物多样性，但实际生物多样性较低。因此，需要提升国有林场的生物多样性功能，按照建设生态文明的要求，遵循自然规律和发展规律，把森林生物多样性资源有效保护与合理利用结合起来，加快经济发展方式转变，推动可持续发展。

二、秦皇岛市国有林场森林生态服务提升的科学对策

2015年5月，中共中央、国务院出台《关于加快推进生态文明建设的意见》，首次将绿水青山就是金山银山写入中央文件。提出要"深化自然资源及其产品价格改革，凡是能由市场形成价格的都交给市场"，生态产品成为绿水青山的代名词和实践中可操作的有形抓手。绿水青山就是金山银山，生态产品就是绿水青山在市场中的产品形式，生态产品所具有的价值就是绿水青山的价值，保护绿水青山就是提高生态产品的供给能力。坚持绿水青山就是金山银山，将生态优先、绿色发展的理念融入秦皇岛国有林场生态保护和高质量发展的各方面、全过程。以提升森林质量建设为重要抓手，支持实施国有林场生态保护修复，逐步形成保护环境、节约资源的生产生活方式，努力实现保护与发展共赢，使绿水青山产生巨大的生态、经济和社会效益。本研究从秦皇岛国有林场森林生态系统服务功能特征入手，提出如下提升秦皇岛市国有林场森林生态服务功能的科学对策。

（一）提升森林康养潜力，拓宽森林康养功能的覆盖面

森林康养功能体现森林生态系统文化服务，除了文化服务固有的自然特征之外，环境是社会、文化、技术和生态系统之间数千年来相互作用的结果。这种环境包括"绿色"和"蓝色"空间，如花园、公园、河流和湖泊、海滨和广阔的乡村、农业景观、荒野地区。这些空间为户外学习和娱乐活动提供机会；亲近它们可以带来诸多益处，例如美学满意度、身心健康以及精神幸福感的增强（UK National Ecosystem Assessment, 2011）。在德国、日本、韩国等发达国家，森林体验和森林养生已有几十年的发展历史。目前韩国全国有休养林160余处、休养绿地200多处。2016年1月，国家林业局发布《关于大力推进森林体验和森林养生发展的通知》，要求各地森林公园在开展一般性休闲游憩活动的同时，为人们提供各有侧重的森林养生服务；结合中老年人的多样化养生需求，构建集吃、住、行、游、娱和文化、体育、保健、医疗等于一体的森林养生体系，使良好的森林生态环境成为人们的养生天堂。在7个国有林场内，森林康养功能也极其不均衡，团林林场和海滨林场的年森林康养价值均在1.5亿元以上，占各自林场森林生态系统服务功能总价值的比例为50%左右；而其他林场的森林康养价值均低于0.2亿元/年，占各自林场森林生态系统服务功能总价值的比例为在0.20%~5.07%之间。从不同林场的年接待游客数量来看，团林林场为172.70万人，其森林康养价值为最大的5.32亿元/年，与天津的盘山风景区172.36万人相近；海滨林场年接待游客也为较大的101万人，其森林康养价值也为较大的1.70亿元/年；祖山林场为13万人、

山海关林场为10.54万人、渤海林场和平市庄林场分别为3万人和2.8万人；都山林场仅为0.5万人，年森林康养价值仅为0.0092亿元（图6-5）。可见，每年接待游客的数量与森林康养功能价值的大小呈正比，今后应当加强对都山林场、祖山林场、平市庄林场、山海关林场、渤海林场和海滨林场森林旅游的开发，逐渐增强森林康养功能。

团林林场年接待游客为172.70万人，其森林康养功能价值为最大的5.32亿元/年，平均为每人308.05元；海滨林场年接待游客101万人，其森林康养功能价值也为较大的1.70亿元/年，平均每人168.32元。可见，海滨林场和团林林场个人的平均旅游费用相差1.83倍；如海滨林场的旅游个人旅游费用也达到308.05元，可显示森林康养功能价值为3.11亿元/年，可在研究基础上提升45.32%。原因是团林林场的面积是海滨林场的13.39倍，团林林场内建设的旅游设施多于海滨林场，可供游客娱乐的选择项目很多。故海滨林场今后可加大旅游设施的开发，以吸引更多的游客。根据中华人民共和国国家标准《旅游资源分类、调查与评价》（GB/T 18972—2017）（国家旅游局，2017）中关于旅游资源的分类和海滨林场的实际情况，今后可在海滨林场重点发展水域景观的游憩海域、生物景观的植被景观和野生动物栖息地以及建筑与设施中的康体娱乐休闲度假地和景观林场。

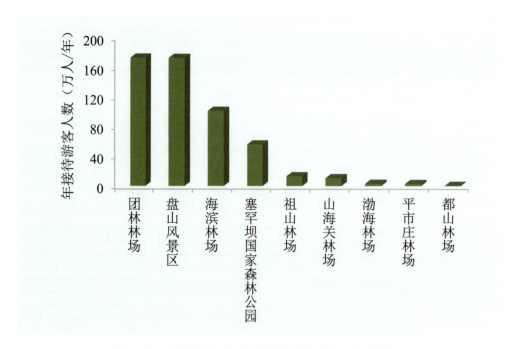

图6-5 国有林场及周边风景区年接待游客数量

根据不同林场所处的地理环境和位置，祖山林场和都山林场位于北部山区青龙满族自治县内，而且都山林场和祖山林场还是自然保护区，森林面积大于其他林场，而且依山傍水，具有丰富的可供开发的旅游资源。根据中华人民共和国自然保护区条例（2017年修订）第十八条：自然保护区可以分为核心区、缓冲区和实验区。核心区，禁止任何单位和个人进入；除依照条例第二十七条的规定经批准外，也不允许进入从事科学研究活动；核心区外围可以划定一定面积的缓冲区，只准进入从事科学研究观测活动；缓冲区外围划为实验区，可以进入从事科学试验、教学实习、参观考察、旅游以及驯化、繁殖珍稀、濒危野生动植物等活动。在自然保护区严禁开设与自然保护区保护方向不一致的参观、旅游项目。

可在都山林场和祖山林场的实验区发展旅游，开展与其自然保护区方向一致的参观、旅游项目。根据国家标准《旅游资源分类、调查与评价》（GB/T 18972—2017）（国家旅游局，2017）中关于旅游资源的分类和自然保护区的实际情况，今后可在山丘型景观、台地型景观、森林浴、温泉、植被景观、野生动物栖息地和教学科研实验场所方面重点发展旅游。

山海关林场、渤海林场、平市庄林场位于沿海地区，基础设施比较完善，但还有待建设其他旅游设施和基地的空间，可以整合现有森林资源，注重整体风貌的打造、景观特征的塑造及景观游憩体系的构建。根据国家标准《旅游资源分类、调查与评价》（GB/T 18972—2017）（国家旅游局，2017）中关于旅游资源的分类和这三个林场的实际情况，今后可在游憩海洋、潮涌与激浪现象、植被景观、山丘型景观、文化活动场所和康体游乐休闲度假地方面发展旅游。

（二）在宜林地允许条件下适当沿海防护林面积，进一步提升海岸防护功能

沿海防护林对海岸具有重要的保护和消减风速、对减少生命财产的损失具有重要作用。《全国生态脆弱区保护规划纲要》中指出沿海水陆交接带生态脆弱区主要分布于我国东部水陆交接地带，行政区域涉及我国东部沿海诸省（市），典型区域为滨海水线500米以内、向陆地延伸1～10千米之内的狭长地域。生态环境脆弱性表现为：潮汐、台风及暴雨等气候灾害频发，土壤含盐量高，植被单一，防护效果差。重要生态系统类型包括：滨海堤岸林植被生态系统，滨海三角洲及滩涂湿地生态系统，近海水域水生生态系统等（中华人民共和国环境保护部，2008）。海岸带受全球气候变化、自然资源过度开发利用等影响，局部海域典型海洋生态系统显著退化，部分近岸海域生态功能受损、生物多样性降低、生态系统脆弱，风暴潮、赤潮、绿潮等海洋灾害多发频发（自然资源部，2020）。秦皇岛市属于渤海、黄海、南海等滨海水陆交接带及其近海水域的重点保护区域，对于这一地区加强滨海区域生态防护工程建设，合理营建堤岸防护林，构建近海海岸复合植被防护体系，缓减台风、潮汐对堤岸及近海海域的破坏；合理调整湿地利用结构，重点发展生态养殖业和滨海区生态旅游业；加强湿地及水域生态监测，强化区域水污染监管力度，严格控制污染陆源，防止水体污染，保护滩涂湿地及近海海域生物多样性（中华人民共和国环境保护部，2008）。秦皇岛国有林场沿海防护林的森林防护功能价值较大，其中尤以山海关林场和海滨林场的森林防护功能最大，海滨林场、渤海林场和山海关林场的沿海防护林面积分别占各自林场森林总面积的87.92%、90.06%和75.18%，而这3个林场的森林防护功能价值占各自林场总价值的31.73%～59.16%，只有团林林场的森林防护功能价值占其林场总价值12.82%，团林林场的沿海防护林也仅有743.43公顷，仅占其森林总面积的23.52%（图6-6），远低于其他林场沿

海防护林占其森林总面积的比例,但团林林场的海岸线较长,故需要增加团林林场的沿海防护林面积,以增强其海岸防护能力。团林林场还有584.16公顷的宜林地,未来,随着违建拆除和盐碱地的植树造林,增加沿海防护林的面积切实可行。

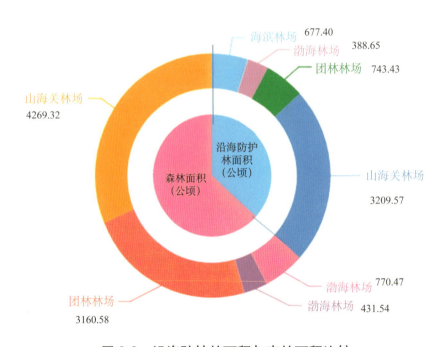

图6-6 沿海防护林面积与森林面积比较

(三)大力提升北部山区森林质量,提高涵养水源和水土保持能力

坚持以习近平生态文明思想为指导,认真贯彻落实党中央、国务院关于健全生态补偿机制的决策部署,牢固树立绿水青山就是金山银山理念,以持续改善流域生态环境质量和推进水资源节约集约利用为核心。《全国重要生态系统保护和修复重大工程总体规划(2021—2035年)》关于京津冀协同发展生态保护和修复中明确指出加强燕山—太行山水源涵养林建设、水土流失治理(自然资源部,2020)。将7个国有林场分为北部山区林场和其他林场量大类别,北部山区林场指青龙满族自治县境内的都山林场和祖山林场,其他林场指中部和沿海的平市庄林场、山海关林场、海滨林场、渤海林场和团林林场5个林场。由表6-10可知,北部山区的2个林场其涵养水源功能价值和保育土壤功能价值均高于其他5个林场的和,这说明北部山区林场涵养水源、净化水质和水土保持作用巨大。青龙满族自治县与承德市接壤,森林面积较大,属于山区地带,境内有桃林口等多座水库,青龙河、沙河、都源河、星干河、起河五大河系蜿蜒曲折,穿绕全境,是秦皇岛市的"生态水塔",这为保障秦皇岛市用水安全具有重要作用。因此,需在北部山区的祖山林场和都山林场提升其森林的涵养水源和保育土壤能力,大力营造水源涵养林和水土保持林,以调节区域水分循环、防止河流、湖泊、水库淤塞以及保护可饮水水源。

表6-10 北部山区林场与其他林场的涵养水源和保育土壤价值

功能类别	北部山区林场	其他林场
涵养水源（亿元/年）	5.27	5.19
保育土壤（亿元/年）	0.96	0.83

（四）调整树种结构，适当增加针叶树面积，提升净化大气环境能力

党的十九大报告指出，中国特色社会主义进入了新时代，我国经济已由高速增长阶段转向高质量发展阶段，正处在转变发展方式、优化经济结构、转换增长动力的攻关期，建设现代化经济体系是跨越关口的迫切要求和我国发展的战略目标。习近平总书记指出，绿色发展是构建高质量现代化经济体系的必然要求，是解决污染问题的根本之策。必须坚持绿水青山就是金山银山，贯彻创新、协调、绿色、开放、共享的发展理念，加快形成节约资源和保护环境的空间格局、产业结构、生产方式、生活方式，给自然生态留下休养生息的时间和空间。坚持绿水青山就是金山银山是绿色发展理念更接地气的表达，代表了新发展理念的价值取向，深刻揭示了发展与保护的本质关系，指明了实现发展与保护内在统一、相互促进、协调共生的方法论。大量研究证明，植物能净化空气中的颗粒物，特别是在消纳吸收大气污染物，提高空气环境质量上具有显著的效果。树木可直接从大气中颗粒物中去除颗粒，或通过植物叶表面捕获悬浮颗粒。一些捕获的粒子可以吸收到树体，将大部分的颗粒截留在植物表面（Beckett, K.P et al., 2000；Freer-Smith et al., 2004）。相关研究认为叶面的粗糙度影响细小颗粒物的滞留，颗粒物与叶面之间的物理作用力则是影响较大颗粒物滞留的主要因素（Beckett K P et al., 1998）。叶片表面着生细密绒毛，颗粒物与叶片表面接触并进入绒毛之间，被绒毛卡住，难以脱落，从而有利于颗粒物的滞留，而绒毛密度较小时，不利于颗粒物的滞留（Nowak et al., 2006）。针叶树种吸收污染物和滞尘的能力均大于阔叶树，原因是针叶树绒毛较多、叶片多油脂、黏性较强，针叶为常绿的，可以一年四季吸附污染物，而阔叶树叶表面较光滑、绒毛较少，不利于颗粒物的吸附。

针叶树净化大气环境的能力强于阔叶树，牛香等（2017）已在北京地区进行深入研究（表6-11），但是在秦皇岛国有林场阔叶树占森林面积的比例较大，柞树、刺槐、鹅耳枥等面积均较大，而在各林场中针叶树占森林面积的比例较小（图6-7），且多以油松为主，缺少雪松、侧柏等树种。由于针叶树的面积较少，故森林吸收大气污染物和滞尘的能力较弱，故净化大气环境价值较低，这也是国有林场森林生态系统净化大气环境功能排所有功能第七位的主要原因。故在今后的营林造林中要适时地调整树种结构，在团林林场、海滨林场、都山林场、渤海林场和祖山林场适当增加针叶树的面积，从而提升净化大气环境能力，提升秦皇岛市环境空气质量；同时，污染物排放和森林面积的空间匹配度不合理，应在今后的造林中多选择位于污染物排放源的区域，重点发展城市林业。随着国有林场森林面积和森

林质量的不断增加和提升，不断完善国有林场森林管理体系和经营措施，必定能使秦皇岛市乃至京津冀地区社会经济发展同生态环境改善同步进行，也使国有林场森林发挥巨大净化环境氧吧库的功能。

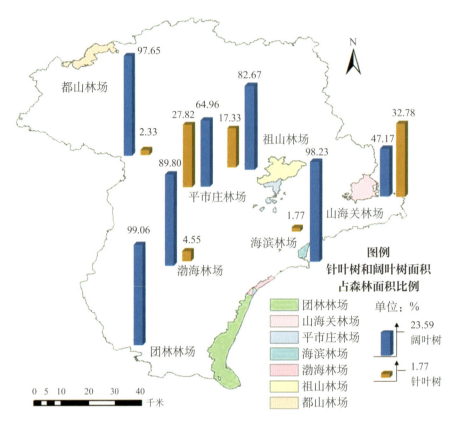

图 6-7　国有林场针叶树和阔叶树占森林面积的比例

表 6-11　北京市平原区主要造林树种滞纳颗粒物能力

树种	单位叶面积滞尘量（微克/平方厘米）			单位公顷滞尘量[千克/（年·公顷）]		
	TSP	PM_{10}	$PM_{2.5}$	TSP	PM_{10}	$PM_{2.5}$
油松	4.12	2.48	1.09	7.73	4.64	2.04
柏木	3.99	2.08	0.83	6.1	3.18	1.27
槐树	3.19	2.72	0.71	6.83	5.83	1.52
白皮松	3.05	2.22	0.69	5.12	3.73	1.16
山杏	2.51	1.63	0.64	3.35	2.18	0.86
栎类	2.35	1.13	0.69	3.56	1.71	1.05
栾树	2.28	1.13	0.72	2.94	1.46	0.93
桦木	2.28	1.13	0.72	4.61	2.28	1.46
杨树	1.97	0.59	0.36	2.96	2.62	1.42
椴树	1.78	0.79	0.43	2.96	1.32	0.72

(续)

树种	单位叶面积滞尘量（微克/平方厘米）			单位公顷滞尘量[千克/（年·公顷）]		
	TSP	PM_{10}	$PM_{2.5}$	TSP	PM_{10}	$PM_{2.5}$
元宝枫	1.55	0.78	0.22	1.81	0.91	0.26
银杏	1.43	0.92	0.17	1.37	0.88	0.16
金银木	1.24	1.12	0.25	1.00	0.91	0.2
梓树	1.03	0.69	0.14	1.59	1.07	0.22
丁香	0.95	0.49	0.14	0.64	0.64	0.64
其他树种	3.63	2.96	0.52	5.22	4.27	0.74

注：其他树种包括胡桃楸、水胡黄、柳树、杉类等针阔树种。

（五）加强动植物资源保护，提升生物多样性保护功能

生物多样性是人类社会赖以生存的条件，是人类社会经济能够持续发展的基础，是国家生态安全的基石。生物多样性的测度是有效保护生物多样性、合理利用其资源、保证其可持续发展的基础和关键。过度开发利用生物资源对生物多样性和生态系统影响极大。在英国，木材砍伐的种类和数量、牲畜养殖数量和用水量都直接推动生态系统和生物多样性的变化（UK National Ecosystem Assessment，2011）。

生物多样性也是重要的生态产品，2018年5月，第八次全国生态环境保护大会总结提出了习近平生态文明思想，生态产品价值实现理念成为贯穿习近平生态文明思想的核心主线。生态产品作为良好生态环境为人类提供丰富多样福祉的统称，即是山水林田湖草的结晶产物，也是绿水青山在市场中的产品形式，成为绿水青山就是金山银山理念在实践中的代名词和可操作的抓手，可为全球可持续发展贡献中国智慧和中国方案，将习近平生态文明思想各个部分有机地串联起来，逐步演变成为贯穿习近平生态文明思想的核心主线。国有林场的生物多样性保护价值占总价值的7.42%，这一比例低于全市生物多样性保护价值12.16%的比例，更低于中国森林资源绿色核算中东部地区生物多样性保护价值35.60%的比例（中国森林资源核算研究项目组，2015），这说明国有林场的生物多样性还有极大的提升空间。国有林场Shannon-Wiener多样性指数如图6-8，北部山区的都山林场和祖山林场多样性指数较高，而沿海的海滨林场、渤海林场和团林林场的Shannon-Wiener多样性指数均小于1，说明植被比较单一。

英国生态系统评估中指出为了实现"生物多样性目标"，各国都有义务通过保护林地物种并扩大林地生境（UK National Ecosystem Assessment，2011）。借鉴英国对生物多样性保护的经验和秦皇岛实际情况，可以从如下方面提升生物多样性：第一，改变当前植被结构单一的情形，增加造林树种的种类，减少当前以杨树和柞树为主要树种的不利情形，多种植柏树、雪松、国槐、银杏等树种；第二，要利用多种形式开展森林生物多样性保护宣传教育活动，通过长期的、广泛的、深入的宣传工作，引导公众积极参与生物多样性保护活动，提高

民众对保护森林生物多样性的认识。只有当人们了解森林生物多样性的分布及价值，知道森林生物多样性是如何影响人们的生活环境，森林生物多样性的保护才能得到落实；第三，要建立和完善森林生物多样性保护公众监督、举报制度，进一步完善公众参与机制；第四，建立森林生物多样性保护合作伙伴关系，广泛调动国内外利益相关方参与森林生物多样性保护的积极性，充分发挥民间公益性组织和慈善机构的作用，共同推进森林生物多样性保护及可持续发展；第五，加强立法和执法，完善保护体制，严格遵照《中华人民共和国森林法》《生物多样性公约》《中华人民共和国环境保护法》《中华人民共和国野生动物保护法》和《森林和野生动物类型自然保护区管理办法》等法律法规，严厉打击和查处破坏森林生物多样性的违法活动。

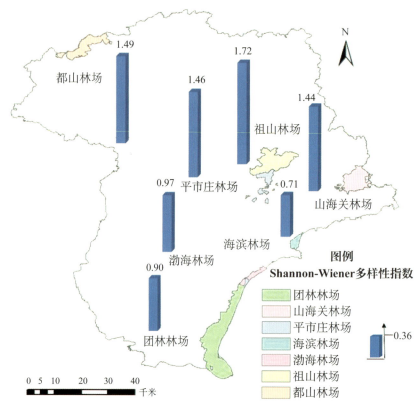

图 6-8　国有林场 Shannon-Wiener 多样性指数

第四节　秦皇岛市国有林场森林生态产品价值实现途径设计

2021 年 4 月 26 日，中共中央办公厅、国务院办公厅印发了《关于建立健全生态产品价值实现机制的意见》，指出建立健全生态产品价值实现机制，是贯彻落实习近平生态文明思想的重要举措，是践行绿水青山就是金山银山理念的关键路径。生态产品价值实现的过程，是经济社会发展格局、城镇空间布局、产业结构调整和资源环境承载能力相适应的过程，有利于实现生产空间、生活空间和生态空间的合理布局。生态产品具有非竞争性和非排他性的特点，是一种与生态密切相关的、社会共享的公共产品。根据其公共性程度和受益范围的差异，进一步可将其细分为纯生态公共品和准生态公共品，前者指具有完全意义的非排他性和非竞争性的、对全国范围乃至全球生态系统都有共同影响的社会共同消费的产品，通常由政府提供，如公益林建设、退耕还林还草、荒漠化防治、自然保护区设置等生态恢复和环境治理项目；后者介于纯生态公共产品与生态私人产品之间，如污水处理、垃圾收集。推动生态产品全民共享，大力推进全民义务植树，创新公众参与生态保护和修复模式，适当开放自然资源丰富的重大工程区域，让公众深切感受生态保护和修复成就，提高重大工程建设成效的社会认可度，积极营造全社会爱生态、护生态的良好风气（自然资源部，2020）。习近平总书记在深入推动长江经济带发展座谈会上强调，要积极探索推广绿水青山转化为金山银山的路径，选择具备条件的地区开展生态产品价值实现机制试点，探索政府主导、企业和社会各界参与、市场化运作、可持续的生态产品价值实现路径。探索生态产品价值实现，是建设生态文明的应有之义，也是新时代必须实现的重大改革成果。

推进生态产品价值实现，应把握好以下原则：有利于推进生态产品生产。要真正实现绿水青山向金山银山的转化，让生态产品的生产者切实感受到生态产品生产的社会价值。有利于推进全面实施主体功能区战略。建设主体功能区是我国经济发展和生态环境保护的大战略，要通过健全不同主体功能区差异化协同发展长效机制，使以生产良好生态产品为重点的地区获得应有受益或补偿。有利于在全社会树立起尊重自然、顺应自然、保护自然的生态文明理念，调动生态产品生产者的积极性。基于以上原则取向，我国在探索生态产品价值实现进程中，开展了诸多有益工作，例如，在生态产品的产权上，建立归属清晰、权责明确、监管有效的产权制度，培育形成多元化的生态产品市场生产、供给主体；在生态产品的市场体系建设上，创设生态产品及其衍生品交易市场，建设有效的价格发现与形成机制，形成统一、开放、竞争、有序的生态产品市场体系（陈清，2018）。森林所产生的服务作为最普惠的生态产品，实现其价值转化具有重大的战略作用和现实意义。因此，建立健全生态产品价值实现机制，既是贯彻落实习近平生态文明思想、践行"绿水青山就是金山银山"理念的重要举措，也是坚持生态优先、推动绿色发展、建设生态文明的必然要求。坚持生态优先、绿色发展，生态文明理念深入人心，生态文明建设实践成效显著，在生态产品价值实现机制上的探索较早、实践深入、理论深刻、模式鲜活、特色鲜明，探索出一条把生态资源优势转化为经济产业优势的有效路径，对于回答好"绿水青山就是金山银山"这一时代命题、破解新时代资源产权整合机制难题具有重大现实意义（黄玉花，2020）。本研究在以往学者研究基础上，研究秦皇岛国有林场森林生态产品的价值实现途径技术，以为秦皇岛国有林场森林生态产品的价值转化提供依据。

一、生态产品价值实现的重大意义

一是表明我国生态文明建设理念的重大变革。生态产品价值实现是我国在生态文明建设理念上的重大变革，环境就是民生（中共中央文献研究室，2016），生态环境被看作是一种能满足人类美好生活需要的优质产品，这样良好生态环境就由古典经济学家眼中单纯的生产原料、劳动的对象转变成为提升人民群众获得感的增长点、经济社会持续健康发展的支撑点、展现我国良好形象的发力点（《党的十九大报告辅导读本》编写组，2017）。生态环境同时具有了生产原料和劳动产品的双重属性，是影响生产关系的重要生产力要素，丰富拓展了马克思生产力与生产关系理论。

二是为"两山"理论提供实践抓手和物质载体。"绿水青山就是金山银山"理论是习近平生态文明思想的重要组成部分，生态产品及其价值实现理念是"两山"理论的核心基石，为"两山"理论提供了实实在在的实践抓手和价值载体。金山银山是人类社会经济生产系统形成的财富的形象比喻，可以用GDP反映金山银山的多少；而生态产品是自然生态系统的产品，是自然生态系为人类提供丰富多样福祉的统称（张林波等，2019）。习近平说过将生态环境优势转化为生态农业、生态旅游等生态经济优势，那么绿水青山就变成了金山银山（习近平，2007）。因此，生态产品所具有的价值就是绿水青山的价值，生态产品就是绿水青山在市场中的产品形式。

三是我国强化经济手段保护生态环境的实践创举。产品具备在市场中流通、交易与消费的基础（张林波等，2019）。生态环境转化为生态产品，价值规律可以在其生产、流通与消费过程发挥作用，运用经济杠杆可以实现环境治理和生态保护的资源高效配置。将生态产品转化为可以经营开发的经济产品，用搞活经济的方式充分调动起社会各方的积极性，利用市场机制充分配置生态资源，充分利用我国改革开放后在经济建设方面取得的经验、人才、政策等基础，以发展经济的方式解决生态环境的外部不经济性问题（张林波等，2019）。因此，可以说生态产品价值实现是我国政府提出的一项创新性的战略措施和任务，是一项涉及经济、社会、政治等相关领域的系统性工程。

四是将生态产品培育成为我国绿色发展新动能。我国生态产品极为短缺，生态环境是我国建设美丽中国的最大短板（中共中央文献研究室，2016）。研究结果表明，近20年来我国生态资源资产平稳波动的趋势没有与社会经济同步增长（张林波等，2019）；而同时期，经济发达、幸福指数高的国家基本表现为"双增长、双富裕"（TEEB，2009）。生态差距成为我国与发达国家最大的差距，通过提高生态产品生产供给能力可以为我国经济发展提供强大生态引擎。

二、森林生态产品价值化实现路径

森林生态系统所提供的生态产品也较大，但目前针对森林生态产品价值实现的研究还较少。王兵等（2020）针对中国森林生态产品价值化实现路径也进行了设计，如图6-9所示。将森林生态系统的四大服务（支持服务、调节服务、供给服务、文化服务）对应保育土壤、林木养分固持、涵养水源等9大功能类别，不同功能类别对应生态效益量化补偿、自然资源负债表等10大价值实现路径，不同功能对应不同价值实现路径有较强、中等和较弱3个级别。森林生态产品价值化实现路径可分为就地实现和迁地实现。就地实现为在生态系统服务产生区域内完成价值化实现，例如，固碳释氧、净化大气环境等生态功能价值化实现；迁地实现为在生态系统服务产生区域之外完成价值化实现，例如，大江大河上游森林生态系统涵养水源功能的价值化实现需要在中、下游予以体现。

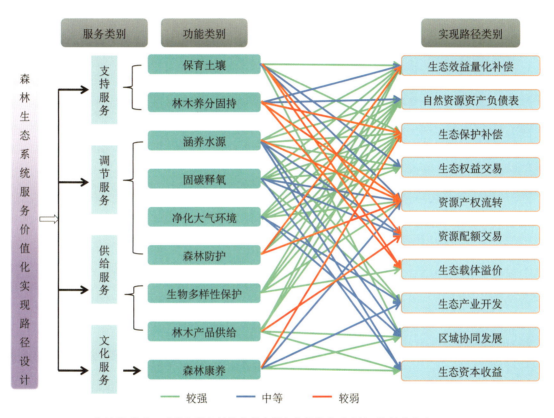

不同颜色代表了功能与服务转化率的高低和价值化实现路径可行性的大小

图6-9　森林生态产品价值实现路径设计（王兵等，2020）

三、秦皇岛市国有林场森林生态产品价值实现途径

为实现多样化的生态产品价值，需要建立多样化的生态产品价值实现途径。加快促进生态产品价值实现，需遵循"界定产权、科学计价、更好地实现与增加生态价值"的思路，有针对性的采取措施，更多运用经济手段最大程度地实现生态产品价值，促进环境保护与生态改善。本研究从生态文明建设角度出发，从秦皇岛国有林场实际情况，主要从生态保护补偿、生态权益交易、生态产业开发、区域协同发展和生态资本收益5个生态产品价值实现的模式路径阐述实现秦皇岛国有林场森林生态产品价值（图6-10）。

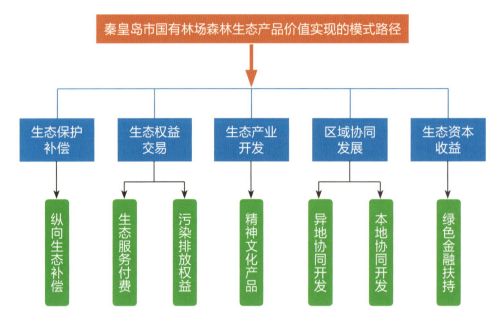

图 6-10　秦皇岛市国有林场森林生态产品价值实现的模式路径

(一) 祖山林场生态保护补偿 (纵向生态补偿) 实现途径

生态保护补偿是公共性生态产品最重要的经济价值实现手段,指政府从社会公共利益出发,向在生态保护中限制发展区域的生态产品生产者,支付其劳动价值和机会成本的行为,包括生态建设投资、财政补贴补助、财政转移支付、生态产品交易等。公共性生态产品生产者的权利通过使公共性生态产品的价值实现而实现,才能够保障与社会所需要的公共性生态产品的供给量。该路径应由政府主导,以市场为主体,多元参与,充分发挥财政与金融资本的协同效应。2016 年,国务院办公厅印发《关于健全生态保护补偿机制的意见》,指出实施生态保护补偿是调动各方积极性、保护好生态环境的重要手段,是生态文明制度建设的重要内容,并强调要牢固树立创新、协调、绿色、开放、共享的发展理念,不断完善转移支付制度,探索建立多元化生态保护补偿机制,逐步扩大补偿范围,合理提高补偿标准,有效调动全社会参与生态环境保护的积极性,促进生态文明建设迈上新台阶,为生态补偿方式实现生态产品价值提供了参考。

国内外开展了大量形式多样、机制灵活的生态补偿实践,国际上普遍的做法是通过开征绿色税或生态税等多种途径拓展生态补偿的资金来源,建立专门负责生态补偿的机构和专项基金,通过政府财政转移支付或市场机制进行生态补偿。哥斯达黎加成功建立起生态补偿的市场机制,成立了专门负责生态补偿的机构国家森林基金,通过国家投入资金、与私有企业签订协议、项目和市场工具等多样化渠道筹集资金,以环境服务许可证方式购买水源涵养、生态固碳、生物多样性和生态旅游等生态产品,极大地调动了全国民众生态保护与建设的热情,使其森林覆盖率由 1986 年的 21% 增至 2012 年的 52%,森林保护走向商业化,也推动了农民的脱贫和资源再分配,其政府购买生态产品的市场化补偿模式成为国际生态补偿的成功典范（虞慧怡等，2020）。2020年4月财政部等4部门发布了关于印发《支持引导黄河全流域建立横向生态补偿机制试点实施方案》的通知，目的是通过逐步建立黄河流域生态补偿机制，立足黄河流域各地生态保护治理任务不同特点，遵循"保护责任共担、流域环境共治、生态效益共享"的原则加快实现高水平保护，推动流域高质量发展，保障黄河长治久安。在该《方案》中指出的黄河全流域建立横向生态补偿机制主要措施是：建立黄河流域生态补偿机制管理平台、中央财政安排引导资金和鼓励地方加快建立多元化横向生态补偿机制。北京市推动密云水库上游潮白河流域生态保护补偿。

上述典型案例均为秦皇岛市国有林场森林生态产品的价值补偿提供了借鉴，秦皇岛国有林场占全市5.62%的森林面积，发挥了全市8.89%的森林生态系统服务价值，其生态产品价值极大。如此普惠的生态产品，按照全市森林生态补偿标准（569.063元/公顷），政府每年需要提供1218.27万元即可使7个国有林场森林发挥应有的生态产品价值，这相当于2018年秦皇岛市财政收入的0.05%。以祖山林场为例，按照全市森林生态补偿标准（569.063元/公顷），政府每年需要提供350.04万元可使祖山林场森林发挥应有的生态产品价值，这相当于2018年秦皇岛市财政收入的0.013%。况且补偿资金可由中央、省级和地方三级财政承担，最新的《全国重要生态系统保护和修复重大工程总体规划（2021—2035年）》（自然资源部，2020）也指出按照中央和地方财政事权和支出责任划分，将全国重要生态系统保护和修复重大工程作为各级财政的重点支持领域，进一步明确支出责任，切实加大资金投入力度。可见，生态补偿具有较强的可行性。

（二）都山林场生态权益交易（生态服务付费/污染排放权益）实现途径

生态权益交易是指生产消费关系较为明确的生态系统服务权益、污染排放权益和资源开发权益的产权人和受益人之间直接通过一定程度的市场化机制实现生态产品价值的模式，是公共性生态产品在满足特定条件成为生态商品后直接通过市场化机制方式实现价值的唯一模式，是相对完善成熟的公共性生态产品直接市场交易机制，相当于传统的环境权益交易和国外生态系统服务付费实践的合集。生态权益交易可以分为正向权益的生态服务付费和减负权益的污染排放权益和资源开发权益三类。其中的，生态服务付费与森林生态产品的价值实现密切相关。在某种意义上，生态权属交易可以被视为一种"市场创造"，而且是一种大尺度的"市场创造"，对于全球生态系统动态平衡的维持，能起到很多政府干预或控制所不能起到的作用。

统一规范的市场交易政策，是扶植生态产品实现经济价值的关键措施。生态产品具有公益性、收益低、周期长等特点，其价值实现离不开良好的市场机制，为此政府要积极制定统一规范的生态产品市场交易政策。如法国毕雷矿泉水公司为保持水质向上游水源涵养区农牧民支付生态保护费用。哥斯达黎加EG水公司为保证发电所需水量、减少泥沙淤积购买上游生态系统服务。污染排放交易主要包括排污权和碳排放权，如美国水污染排污权交易。资源开发权益主要包括水权、用能权等。福建南平市通过构建"森林生态银行"这一自然资源管理、开发和运营的平台，对碎片化的森林资源进行集中收储和整合优化，促进了生态产品价值向经济发展优势的转化。重庆市通过设置森林覆盖率这一约束性考核指标，创设了森林覆盖率达标地区和不达标地区之间的交易需求，搭建了生态产品直接交易的平台（孙安然，2020）。英国生态系统评估中指出，人们会为某些生态系统服务付费，如食物和纤维，却忽略了涵养水源和净化空气等生态系统服务的重要性，更会因这些生态系统服务由人工提供产生的高额成本而感到惊奇（UK National Ecosystem Assessment，2011）。可见，生态付费早已在世界其他国家建立。

都山林场生态权益交易可通过森林覆盖率指标交易的形式实现生态产品价值，具体方法：由秦皇岛市林业局制定全市森林2022—2025年森林覆盖率达到目标值作为每个区（县）的统一考核目标，将9个区（县）到2022—2025年年底的森林覆盖率目标划分为三类：北部山区（不包括国家重点生态功能区县）的1个区（县）森林覆盖率目标值不低于70%；中部地区的2个区县（海港区、抚宁区）目标值不低于45%；其余6个区（县）的目标值不低于30%。

构建基于森林覆盖率指标的交易平台，对达到森林覆盖率目标值确有实际困难的区县，允许其向森林覆盖率较高的都山林场（98.19%）购买森林面积指标，计入本区县森林覆盖率；但出售方扣除出售的森林面积后，其森林覆盖率不得低于70%。需购买森林面积指标的区县与拟出售森林面积指标的区县进行沟通，根据森林所在位置、质量、造林及管护成本等因素，协商确认森林面积指标价格，原则上不低于1000元/亩；同时购买方还需要从购买之时起支付森林管护经费，原则上不低于100 [元/（亩·年）]，管护年限原则上不少于15年，管护经费可以分年度或分3~5次集中支付。按此计算，都山林场可进行交易的森林面积约为28%，可实现交易价值2075.74万元。交易双方对购买指标的面积、位置、价格、管护及支付进度等达成一致后，在秦皇岛市林业局见证下签订购买森林面积指标的协议。交易的森林面积指标仅用于各区县森林覆盖率目标值计算，不与林地、林木所有权等权利挂钩，也不与各级造林任务、资金补助挂钩。协议履行后，由交易双方联合向秦皇岛市林业局报送协议履行情况。市林业局负责牵头建立追踪监测制度，制定检查验收、年度考核等制度规范，加强业务指导和监督检查，督促指导交易双方认真履行购买森林面积指标的协议，完成涉及交易双方的森林面积指标转移、森林覆盖率目标值确认等工作。市林业局定期监测各区县森林覆盖率情况，对森林覆盖率没有达到目标的区县政府，提请市政府进行问责追责。

都山林场森林生态系统年固碳量为1.50万吨，若进行碳排放权交易，按照2019年北京市碳排放交易配额市场价格71.61元/吨，可实现107.42万元的价值收益；在水权交易方面，根据中国水权交易所交易案例河北云州水库—北京白河堡水库水权交易，每立方米0.6元，按此计算，都山林场森林生态系统年涵养水源量1563.84万立方米可实现938.30万元收益。

空气罐头：都山林场面积为 4494.45 公顷，采集区域范围占 10% 的森林面积，多通道采集口直径为 5 厘米，林场可采集的优质空气存量则为 22.47 万立方米，按照阿里巴巴批发网的空气罐头价格（2500 元/立方米），在不受林场产能以及市场销售的影响下，理想的收益将会达到 5.62 亿元。排污权交易：以污染气体为例，都山林场森林生态系统吸收污染气体量为 1195.83 吨/年，按照环境保护税法的征收额，将排污权交易给有关工厂，理想的收益将会达到 634.62 万元。

（三）团林林场生态产业开发（精神文化产品）实现途径

生态产业开发是经营性生态产品通过市场机制实现交换价值的模式，是生态资源作为生产要素投入经济生产活动的生态产业化过程，是市场化程度最高的生态产品价值实现方式。生态产业开发的关键是如何认识和发现生态资源的独特经济价值，如何开发经营品牌提高产品的"生态"溢价率和附加值。生态产业开发模式可以根据经营性生态产品的类别相应地分为物质原料开发和精神文化产品两类。

生态资源同其他资源一样是经济发展的重要基础，充分依托优势生态资源，将其转为经济发展的动力是国内外生态产品价值实现的重要途径。瑞士山地占国土面积的 90% 以上，是传统意义的资源匮乏国家，但通过大力发展生态经济，把过去制约经济发展的山地变成经济腾飞的资源，探寻出一条山地生态与乡村旅游可持续发展之路。瑞士旅游注重将本土文化、历史遗迹与自然景观有机结合，打造特色旅游文化品牌，吸引不同文化层次的游客，使旅游业收入约占 GDP 的 6.2%。我国贵州省充分发挥气候凉爽和环境质量优良的优势成为世界瞩目的"大数据"中心之一，2017 年贵州省旅游业增加值占 GDP 比重升至 11%，且连续 7 年 GDP 增速排名全国前 3 位。

上述瑞典和贵州省生态产业开发的成功经验，为团林林场生态产业开发实现途径提供了可借鉴的方式。团林林场森林康养功能价值较高，占全市森林康养功能总价值的 63.99%，而且团林林场面积较大，当前只以黄金海岸和娱乐休闲为主，发展森林旅游资源为主的生态产业开发提升的空间极大。因此，政府应积极鼓励多种森林旅游资源的整合和开发利用，与主管旅游行业部门进行协商，提出建设规划，以实现旅游产品的价值转化。可以通过如下途径实现：

发展现代观光农业，建设旅游观光园，进行林果产品的采摘；同时，大力发展林下经济，进行森林药材种植、森林食品种植；发展坚果、含油果和香料作物种植，花卉及其他观赏植物种植。全市 2018 年经济林产品的种植与采集价值达 33.53 亿元，而团林林场几乎为零，但团林林场的面积达 14101.05 公顷，还尚有 584.16 公顷的宜林地，这为今后发展旅游观光、果品采摘、林下经济等提供了土地保障。如以樱桃采摘为例，每千克 120 元，亩产 600 千克，按 50% 的采摘率计算可实现 3.6 万元收益，每公顷为 54 万元，价值巨大。

复制和推广团林林场旅游发展的模式也是其生态产品价值实现的方法，团林林场森林康养功能价值占全市森林康养功能总价值的 63.99%，占 7 个国有林场的森林康养价值的 71.51%，将团林林场的发展模式推广到其他 6 个林场，将在现有基础上增加 28.62 亿元 / 年，届时国有林场森林康养功能价值将会达到 36.06 亿元 / 年，是本次评估森林康养价值的 4.85 倍。

（四）海滨林场区域协同发展（异地协同开发 / 本地协同开发）实现途径

区域协同发展是指公共性生态产品的受益区域与供给区域之间通过经济、社会或科技等方面合作实现生态产品价值的模式，是有效实现重点生态功能区主体功能定位的重要模式，是发挥中国特色社会主义制度优势的发力点。区域协同发展可以分为在生态产品受益区域合作开发的异地协同开发和在生态产品供给地区合作开发的本地协同开发两种模式。

浙江金华—磐安共建产业园、四川成都—阿坝协作共建工业园均是在水资源生态产品的下游受益区建立共享产业园，这种异地协同发展模式不仅保障了上游水资源生态产品的持续供给，同时为上游地区提供了资金和财政收入，有效地减少了上游地区土地开发强度和人口规模，实现了上游重点生态功能区定位。长株潭城市群生态绿心地区，践行生态文明区域协同共建共享模式，长株潭城市群将绿心作为生态环境的核心要素，通过引导、规划、管制等方式，发挥了各级政府主体、企业主体、社会组织主体、公民个体的协同作用，阻止了绿心过度开发、面积缩小、功能下降的趋势，实现了区域协同发展。

本地协同开发生态产品，引进本地企业公司和本地资本，让本地的优秀企业参与到海滨林场生态旅游产品的开发和运作中，以其先进的管理模式进行生态产品价值转化和林场管理。对林场重新规划，调整林相和树种结构，增加旅游设施和基础建设投入；并对员工进行技能培训，提高从业人员的业务素养。

根据海滨林场自身特点（位置、旅游资源提升空间），并参考团林林场的森林旅游业发展模式，尤其是旅游资源管理与开发经验，大力发展自身森林旅游业。目前其森林康养功能价值为 1.70 亿元 / 年，通过增加森林旅游资源数量（场外购买林地）、提升森林旅游资源质量，在京津冀一体化发展模式，吸引更多来自于京津地区的游客。目前，海滨林场周边的北戴河区和秦皇岛开发区尚有宜林地 622.51 公顷，海滨林场可以通过场外造林的方式增加旅游资源，届时森林康养价值将会达到 3.23 亿元 / 年。

在京津冀一体化发展模式下，海滨林场宜大力发展林果业，极大的发挥森林生态系统林木产品供给。目前，海滨林场宜林地和苗圃地面积为 26.91 公顷，其中，若 1/2 用于发展林果业，收益将较目前提升 640.25 万元 / 年；若 1/3 用于发展林果业，收益将较目前提升 438.30 万元 / 年；仅宜林地用于发展林果业，收益将较目前提升 229.12 万元 / 年。

异地协同开发生态产品，引进外地企业、资本、创新的管理模式和成熟的技术，将外地企业先进的技术和管理模式引入海滨林场生态产品开发中，如可参考和模仿锦州世界园艺博览会的模式，以"城市与海、和谐未来"为主题，突出海洋特色，彰显海洋文化，宣传海洋文明；规划建设各类展园，每个展园内不仅有精美绝伦的人文艺术景观，更是一园一花，百园百卉，与各园区人文建筑交相辉映，园中有花，花中有景，园园不同。随时节而更替，开四季而不败。可以参考锦州世园会的模式，突出海滨林场海洋特色和海洋主题，大力发展海洋文化，将林场进行规划，如地球生态园、园林艺术区、未来生活体验区等几大区域，展示高水平园林艺术。同时，也可与锦州世园会进行异地开发合作，在园内设置一个展览馆，将海滨林场的文化、海洋景观、园林景观等在锦州世园会内展出，以开发和提升海滨林场的旅游资源和影响力。

（五）山海关林场生态资本收益（绿色金融扶持）实现途径

生态资本收益模式是指生态资源资产通过金融方式融入社会资金，盘活生态资源实现存量资本经济收益的模式。生态资本收益模式可以划分为绿色金融扶持、资源产权融资和补偿收益融资三类。绿色金融扶持则是利用绿色信贷、绿色债券、绿色保险等金融手段鼓励生态产品生产供给。生态保护补偿、生态权属交易、经营开发利用、生态资本收益等生态产品价值实现路径都离不开金融业的资金支持，即离不开绿色金融，可以说绿色金融是所有生态产品生产供给及其价值实现的支持手段（张林波等，2019）。但绿色金融发展，需要加强法制建设以及政府主导干预，才能充分发挥绿色金融政策在生态产品生产供给及其价值实现中的信号和投资引导作用。

我国国家储备林建设以及福建、浙江、内蒙古等地的一些做法为解决绿色金融扶持促进生态产品的制约难点提供了一些借鉴和经验。国家林业和草原局开展的国家储备林建设通过精确测算储备林建设未来可能获取的经济收益，解决了多元融资还款的来源。福建三明创新推出"福林贷"金融产品，通过组织成立林业专业合作社以林权内部流转解决了贷款抵押难题。福建顺昌依托县国有林场成立"顺昌县林木收储中心"为林农林权抵押贷款提供兜底担保。浙江丽水"林权 IC 卡"采用"信用 + 林权抵押"的模式实现了以林权为抵押物的突破。2016 年，国家出台了《关于构建绿色金融体系的指导意见》等，为绿色金融的发展提供了良好的政策基础。

对山海关林引入社会资本和专业运营商具体管理，打通资源变资产、资产变资本的通道，提高资源价值和生态产品的供给能力，促进生态产品价值向经济发展优势的转化。实现山海关林场森林生态产品价值可通过如下方式：

政府主导，设计和建立"森林生态银行"运行机制，由山海关国有林场控股、其他国有林场参股，成立林业资源运营有限公司，注册一定资本金（如 300 万元），作为"森林生态银行"的市场化运营主体。公司下设数据信息管理、资产评估收储等"两中心"和林木经营、托管、金融服务等"三公司"，前者提供数据和技术支撑，后者负责对资源进行收储、托管、经营和提升；同时整合林场资源、国有林场伐区调查设计队和基层林场护林队伍等力量，有序开展资源管护、资源评估、改造提升、项目设计、经营开发、林权变更等工作。根据林地分布、森林质量、保护等级、林地权属等因素进行调查摸底，并进行确权登记，明确产权主体、划清产权界线，形成全县林地"一张网、一张图、一个库"数据库管理。通过核心编码对森林资源进行全生命周期的动态监管，实时掌握林木质量、数量及管理情况，实现林业资源数据的集中管理与服务。本研究通过评估和价值核算，编制其森林资源资产负债表，确定其森林资源底数（生态资产 9.11 亿元，资源资产 5.15 亿元），赋予产品价值属性。

推进森林资源流转，实现资源资产化。在平等自愿和不改变林地所有权的前提下，将碎片化的森林资源经营权和使用权集中流转至"森林生态银行"，由后者通过科学抚育、集约经营、发展林下经济等措施，实施集中储备和规模整治，转换成权属清晰、集中连片的优质"资产包"。为保障国有林场利益和个性化需求，"森林生态银行"共推出入股、托管、租赁、赎买 4 种流转方式。同时，"森林生态银行"可与秦皇岛市某担保公司共同成立林业融资担保公司，为有融资需求的林业企业、集体提供林权抵押担保服务，担保后的贷款利率要低于一般项目的利率，通过市场化融资和专业化运营，解决森林资源流转和收储过程中的资金需求。

实施国家储备林质量精准提升工程，开展规模化、专业化和产业化开发运营，实现生态资本增值收益。采取改主伐为择伐、改单层林为复层异龄林、改单一针叶林为针阔混交林、改一般用材林为特种乡土珍稀用材林的"四改"措施，优化林分结构，增加林木蓄积，促进森林资源资产质量和价值的提升。创新融资机制，发挥中央财政专项资金引导作用。创新融资机制，积极利用开发性政策性金融，设计长周期优惠金融产品支持国家储备林建设。根据国家外资利用政策和建设规划，积极争取包括世界银行、欧洲投资银行、亚洲开发银行等各类外资贷（赠）款，支持国家储备林工程实施和能力建设。同步规划和实施森林防火和林业有害生物能力建设，配备必要的防火和防治装备；合理搭配树种，注重生物防治。引进和推广符合国家储备林建设需求、适合林区和山地的营林和采伐机械，提高作业效率，保障作业安全。对国家储备林建设成果进行绩效考核，同步纳入政府林业建设目标考核管理。引进实施 FSC 国际森林认证，规范传统林区经营管理，为森林加工产品出口欧美市场提供支持。积极发展木材经营、林下经济、森林康养等"林业+"产业，建设林下中药、花卉苗木、森林康养等基地，推动林业产业多元化发展。采取"管理与运营相分离"的模式，将交通条件、生态环境良好的林场、基地作为旅游休闲区，运营权整体出租给专业化运营公司，提升森林资源资产的复合效益。开发林业碳汇产品，探索"社会化生态补偿"模式，通过市场化销售单株林木碳汇等方式实现生态产品价值。

PPP（政府和社会资本合作：public-private partnership）模式，即政府和社会资本合作，是公共基础设施中的一种项目运作模式。在该模式下，鼓励私营企业、民营资本与政府进行合作，参与公共基础设施的建设。秦皇岛市政府公共部门与私营部门合作过程中，让非公共部门所掌握的资源参与提供公共产品和服务，从而实现合作各方达到比预期单独行动更为有利的结果。通过引入社会资本，让社会和企业更多的参与国有林建设，加速国有林场生态产品价值的转化。

随着我国对生态产品的认识理解不断深入，对生态产品的措施要求更加深入具体，逐步由一个概念理念转化为可实施操作的行动，由最初国土空间优化的一个要素逐渐演变成为生态文明的核心理论基石。伟大的理论需要丰富鲜活的实践支撑，生态产品及其价值实现理念为习近平生态文明思想提供了物质载体和实践抓手，各个部门、各级政府在实际工作中应将生态产品价值实现作为工作目标、发力点和关键绩效，通过生态产品价值实现将习近平生态文明思想从战略部署转化为具体行动。

参考文献

财政部，生态环境部，水利部，等，2020. 支持引导黄河全流域建立横向生态补偿机制试点实施方案 [Z].

陈清，2018. 加快探索生态产品价值实现路径 [N]. 光明日报，11月2日.

陈文婧，2013. 城市绿地生态系统碳水通量研究——以北京奥林匹克森林公园为例 [D]. 北京：北京林业大学.

《党的十九大报告辅导读本》编写组，2017. 党的十九大报告辅导读本 [M]. 北京：人民出版社.

第十八届中央委员会，2017. 决胜全面建成小康社会夺取新时代中国特色社会主义伟大胜利 [R]. 北京.

傅伯杰，陈利顶，马克明，等，2001. 景观生态学原理及应用 [M]. 北京：科学出版社.

国家发展改革委，财政部，自然资源部，等，2018. 建立市场化、多元化生态保护补偿机制行动计划 [Z].

国家林业和草原局，2020. 森林生态系统服务功能评估规范（GB/T 38582—2020）[S].3-6.

国家林业和草原局，2019. 2017 退耕还林工程综合效益监测国家报告 [M]. 北京：中国林业出版社.

国家林业局，2005. 森林生态系统定位研究站建设技术要求（LY/T 1626—2005）[S].6-16.

国家林业局，2007. 暖温带森林生态系统定位观测指标体系（LY/T 1689—2007）[S].3-9.

国家林业局，2010a. 森林生态系统定位研究站数据管理规范（LY/T 1872—2010）[S].3-6.

国家林业局，2010b. 森林生态站数字化建设技术规范（LY/T 1873—2010）[S].3-7.

国家林业局，2016. 森林生态系统长期定位观测方法（GB/T 33027—2016）[S].1-121.

国家林业局，2017. 森林生态系统定位观测指标体系（GB/T 35377—2017）[S]. 4-9.

国家林业局，2018. 中国森林资源及其生态功能四十年监测与评估 [M]. 北京：中国林业出版社.

国家旅游局，2017. 旅游资源分类、调查与评价（GBT 18972—2017）[S]. 北京：中国标准出版社.

国务院，2015. 全国主体功能区规划 [M]. 北京：人民出版社.

国务院办公厅，2016. 关于健全生态保护补偿机制的意见 [Z].

河北省生态环境厅，2019. 河北省生态环境状况公报 2018[R].

河北省水利厅，2019. 河北省水资源公报 2018[R].

河北省统计局，国家统计局河北调查总队，2019. 河北经济年鉴 2018[M]. 北京：中国统计出版社.

林卓，2016. 不同尺度下福建省杉木碳计量模型、预估及应用研究 [D]. 福州：福建农林大学.

牛香，薛恩东，王兵，等，2017. 森林治污减霾功能研究——以北京市和陕西关中地区为例 [M]. 北京：科学出版社.

牛香，2012. 森林生态效益分布式测算及其定量化补偿研究——以广东和辽宁省为例 [D]. 北京：北京林业大学.

秦皇岛市统计局，国家统计局秦皇岛调查队，2019. 秦皇岛市 2018 年国民经济和社会发展统计公报 [R].

王兵，2015. 森林生态连清技术体系构建与应用 [J]. 北京林业大学学报，37（1）：1-8.

王兵，王晓燕，牛香，等，2015. 北京市常见落叶树种叶片滞纳空气颗粒物功能 [J]. 环境科学，36（6）：2005-2009.

王兵，2016. 生态连清理论在森林生态系统服务功能评估中的实践 [J]. 中国水土保持科学，14（1）：1-10.

王兵，牛香，宋庆丰，2020. 中国森林生态服务评估及其价值化实现路径设计 [J]. 环境保护，48（14）：28-36.

王兵，牛香，宋庆丰，2021. 基于全口径碳汇监测的中国森林碳中和能力分析 [J]. 环境保护，16：32-36

吴楚材，吴章文，罗江滨，2006. 植物精气 [M]. 北京：中国林业出版社.

习近平，2017. 习近平谈治国理政：第 2 卷 [M]. 北京：外文出版社.

习近平，2017. 之江新语 [M]. 杭州：浙江出版联合集团、浙江人民出版社.

虞慧怡，张林波，李岱青，等，2020. 生态产品价值实现的国内外实践经验与启示 [J]. 环境科学研究，33（3）：685-690.

张林波，虞慧怡，李岱青，等，2019. 生态产品内涵与其价值实现途径 [J]. 农业机械学报，50（6）：173-183.

中共中央、国务院，2015. 关于加快推进生态文明建设的意见 [Z].

中共中央文献研究室，2016. 习近平总书记重要讲话文章选编 [M]. 北京：中央文献出版社、党建读物出版社.

中国国家标准化管理委员会，2008. 综合能耗计算通则（GB 2589—2008）[S]. 北京：中国标准出版社.

中国森林资源核算研究项目组，2015. 生态文明构建中的中国森林资源核算研究 [M]. 北京：中国林业出版社.

中华人民共和国环境保护部，2008. 全国生态脆弱区保护规划纲要 [R].

自然资源部，2020. 全国重要生态系统保护和修复重大工程总体规划（2021—2035 年）[R].

自然资源部办公厅，2020. 关于生态产品价值实现典型案例的通知（第一批）[Z].

Beckett K P, Freer-Smith P H, Taylor G, 1998. Urban woodlands: Their role in reducing the effects of particulate pollution[J]. Environmental Pollution, 99（3）: 347-360.

Beckett K.P, Freer P H., Taylor G, 2000. Effective tree species for local air quality management[J]. Journal of Arboriculture, 26（1）, 12-19.

Defra（Department for Environment, Food and Rural Affairs）, 2005. Making Space for Water[M]. Department for Environment, Food and Rural Affairs, London.

Fang J Y, Wang G G, Liu G H, et al, 1998. Forest biomass of China: an estimate based on the biomass-volume relationship [J]. Ecological Applications, 8（4）: 1084-1091.

Fang J Y, Chen A P, Peng C H, et al, 2001. Changes in forest biomass carbon storage in China between 1949 and 1998[J]. Science, 292: 2320-2322.

Freer-Smith P H, El-Khatib A A, Taylor G, 2004. Capture of particulate pollution by trees: a comparison of species typical of semi-arid areas（Ficusnitida and Eucalyptus globulus）with European and North American species[J]. Water, Air, and Soil Pollution 155, 173-187.

IPCC, 2013. Contribution of working group I to the fifth assessment report of the intergovernmental panel on climate change. Climate Change 2013: The physical science basis [M]. Cambfige: Cambfige University Press.

Li L, Guo Q, Tao S, et al, 2015. Lidar with multi-temporal MODIS provide a means to upscale predictions of forest biomass[J]. ISPRS Journal of Photogrammetry and Remote Sensing, 102: 198-208.

Nowak D J, Crane D E, Stevens J C, 2006. Air pollution removal by urban trees and shrubs in the united states[J]. Urban Forestry and Urban Greening, 4: 115-123.

Powe, N A, Willis, K G, 2004. Mortality and morbidity benefits of air pollution（SO_2 and PM_{10}）absorption attributable to woodland in Britain[J]. Journal of Environmental Management, 70, 119–128.

Preece N D, Lawes M J, Rossman A K, et al, 2015. Modelling the growth of young rainforest trees for biomass estimates and carbon sequestration accounting[J]. Forest Ecology and Management, 351: 57-66.

Tallis M, Taylor G, Sinnett D, et al, 2011. Estimating the removal of atmospheric particulate pollution by the urban tree canopy of London, under current and future environments[J]. Landscape and Urban Planning, 103: 129-138.

TEEB, 2009. The economics of ecosystems and biodiversity for national and international policy makers-summary: responding to the value of nature[M]. London: Earthscan Ltd.

UK National Ecosystem Assessment, 2011. The UK national ecosystem assessment technical report[M]. UNEP-WCMC, Cambridge.

United Nations, 2004. Manual for environmental and economic accounts for forestry[Z].

United Nations, 1993. Integrated environmental and economic accounting[Z].

United Nations, 2000. Integrated environmental and economic accounting: An Operational Manual[Z].

United Nations, 2012. System of environmental economic accounting central framework[Z].

Wang D, Wang B, Niu X, 2014. Forest carbon sequestration in China and its benefit [J]. Scandinavian Journal of Forest Research, 29 (1): 51-59.

Whittaker R H, Likens G E, 1975. Methods of assessing terrestrial productivity [M]. New York: Springer-Verlag.

Yang W, Liu Q L, 2018. Integrated evaluation of payments for ecosystem services programs in China: a systematic review[J]. Ecosystem Health and Sustainability, 4 (3): 73-84.

Zhang W K, Wang B, Niu X, 2015. Study on the adsorption capacities for airborne particulates of Landscape plants in different polluted regions in Beijing (China) [J]. International Journal of Environmental Research and Public Health, 12 (8): 9623-9638.

附 表

表1 环境保护税税目税额

税目		计税单位	税额	备注
大气污染物		每污染当量	1.2~12元	
水污染物		每污染当量	1.4~14元	
固体废物	煤矸石	每吨	5元	
	尾矿	每吨	15元	
	危险废物	每吨	1000元	
	冶炼渣、粉煤灰、炉渣、其他固体废物（含半固态、液态废物）	每吨	25元	
噪声	工业噪声	超标1~3分贝	每月350元	1.一个单位边界上有多处噪声超标，根据最高一处超标声级计算应纳税额；当沿边界长度超过100米有两处以上噪声超标，按照两个单位计算应纳税额 2.一个单位有不同地点作业场所的，应当分别计算应纳税额，合并计征 3.昼、夜均超标的环境噪声，昼、夜分别计算应纳税额，累计计征 4.声源一个月内超标不足15天的，减半计算应纳税额 5.夜间频繁突发和夜间偶然突发厂界超标噪声，按等效声级和峰值噪声两种指标中超标分贝值高的一项计算应纳税额
		超标4~6分贝	每月700元	
		超标7~9分贝	每月1400元	
		超标10~12分贝	每月2800元	
		超标13~15分贝	每月5600元	
		超标16分贝以上	每月11200元	

表2 应税污染物和当量值

一、第一类水污染物污染当量值

污染物	污染当量值（千克）
1.总汞	0.0005
2.总镉	0.005
3.总铬	0.04
4.六价铬	0.02
5.总砷	0.02
6.总铅	0.025
7.总镍	0.025
8.苯并（a）芘	0.0000003
9.总铍	0.01
10.总银	0.02

二、第二类水污染物污染当量值

污染物	污染当量值（千克）	备注
11.悬浮物（SS）	4	
12.生化需氧量（BOD5）	0.5	同一排放口中的化学需氧量、生化需氧量和总有机碳，只征收一项。
13.化学需氧量（CODcr）	1	
14.总有机碳（TOC）	0.49	
15.石油类	0.1	
16.动植物油	0.16	
17.挥发酚	0.08	
18.总氰化物	0.05	
19.硫化物	0.125	
20.氨氮	0.8	
21.氟化物	0.5	
22.甲醛	0.125	
23.苯胺类	0.2	
24.硝基苯类	0.2	
25.阴离子表面活性剂（LAS）	0.2	
26.总铜	0.1	
27.总锌	0.2	

(续)

污染物	污染当量值（千克）	备注
28.总锰	0.2	
29.彩色显影剂（CD-2）	0.2	
30.总磷	0.25	
31.单质磷（以P计）	0.05	
32.有机磷农药（以P计）	0.05	
33.乐果	0.05	
34.甲基对硫磷	0.05	
35.马拉硫磷	0.05	
36.对硫磷	0.05	
37.五氯酚及五酚钠（以五氯酚计）	0.25	
38.三氯甲烷	0.04	
39.可吸附有机卤化物（AOX）（以Cl计）	0.25	
40.四氯化碳	0.04	
41.三氯乙烯	0.04	
42.四氯乙烯	0.04	
43.苯	0.02	
44.甲苯	0.02	
45.乙苯	0.02	
46.邻-二甲苯	0.02	
47.对-二甲苯	0.02	
48.间-二甲苯	0.02	
49.氯苯	0.02	
50.邻二氯苯	0.02	
51.对二氯苯	0.02	
52.对硝基氯苯	0.02	
53.2，4-二硝基氯苯	0.02	
54.苯酚	0.02	
55.间-甲酚	0.02	
56.2，4-二氯酚	0.02	
57.2，4，6-三氯酚	0.02	
58.邻苯二甲酸二丁酯	0.02	
59.邻苯二甲酸二辛酯	0.02	
60.丙烯氰	0.125	
61.总硒	0.02	

(续)

三、pH值、色度、大肠菌群数、余氯量水污染物污染当量值

污染物		污染当量值	备注
1.pH值	1.0~1，13~14 2.1~2，12~13 3.2~3，11~12 4.3~4，10~11 5.4~5，9~10 6.5~6	0.06吨污水 0.125吨污水 0.25吨污水 0.5吨污水 1吨污水 5吨污水	pH值5~6指大于等于5，小于6；pH值9~10指大于9，小于等于10，其余类推
2.色度		5吨水·倍	
3.大肠菌群数（超标）		3.3吨污水	大肠菌群数和余氯量只征收一项
4.余氯量（用氯消毒的医院废水）		3.3吨污水	

四、禽畜养殖业、小型企业和第三产业水污染物污染当量值

类型		污染当量值	备注
禽畜养殖场	1.牛	0.1头	仅对存栏规模大于50头牛、500头猪、5000羽鸡鸭等的禽畜养殖场征收
	2.猪	1头	
	3.鸡、鸭等家禽	30羽	
4.小型企业		1.8吨污水	
5.饮食娱乐服务业		0.5吨污水	
6.医院	消毒	0.14床 2.8吨污水	医院病床数大于20张的按照本表计算污染当量数
	不消毒	0.07床 1.4吨污水	

注：本表仅适用于计算无法进行实际监测或者物料衡算的禽畜养殖业、小型企业和第三产业等小型排污者的水污染物污染当量数。

五、大气污染物污染当量值

污染物	污染当量值（千克）
1.二氧化硫	0.95
2.氮氧化物	0.95
3.一氧化碳	16.70
4.氯气	0.34
5.氯化氢	10.75
6.氟化物	0.87
7.氰化物	0.005
8.硫酸雾	0.60
9.铬酸雾	0.0007
10.汞及其化合物	0.0001

（续）

污染物	污染当量值（千克）
11.一般性粉尘	4.00
12.石棉尘	0.53
13.玻璃棉尘	2.13
14.炭黑尘	0.59
15.铅及其化合物	0.02
16.镉及其化合物	0.03
17.铍及其化合物	0.0004
18.镍及其化合物	0.13
19.锡及其化合物	0.17
20.烟尘	2.18
21.苯	0.05
22.甲苯	0.18
23.二甲苯	0.27
24.苯并（a）芘	0.000002
25.甲醛	0.09
26.乙醛	0.45
27.丙烯醛	0.06
28.甲醇	0.67
29.酚类	0.35
30.沥青烟	0.19
31.苯胺类	0.21
32.氯苯类	0.72
33.硝基苯	0.17
34.丙烯腈	0.22
35.氯乙烯	0.55
36.光气	0.04
37.硫化氢	0.29
38.氨	9.09
39．三甲胺	0.32
40.甲硫醇	0.04
41.甲硫醚	0.28
42.二甲二硫	0.28
43.苯乙烯	25.00
44.二硫化碳	20.00

（续）

表3 IPCC推荐使用的生物量转换因子（BEF）

编号	a	b	森林类型	R^2	备注
1	0.46	47.50	冷杉、云杉	0.98	针叶树种
2	1.07	10.24	桦木	0.70	阔叶树种
3	0.74	3.24	木麻黄	0.95	阔叶树种
4	0.40	22.54	杉木	0.95	针叶树种
5	0.61	46.15	柏木	0.96	针叶树种
6	1.15	8.55	栎类	0.98	阔叶树种
7	0.89	4.55	桉树	0.80	阔叶树种
8	0.61	33.81	落叶松	0.82	针叶树种
9	1.04	8.06	樟木、楠木、槠、青冈	0.89	阔叶树种
10	0.81	18.47	针阔混交林	0.99	混交树种
11	0.63	91.00	檫树落叶阔叶混交林	0.86	混交树种
12	0.76	8.31	杂木	0.98	阔叶树种
13	0.59	18.74	华山松	0.91	针叶树种
14	0.52	18.22	红松	0.90	针叶树种
15	0.51	1.05	马尾松、云南松	0.92	针叶树种
16	1.09	2.00	樟子松	0.98	针叶树种
17	0.76	5.09	油松	0.96	针叶树种
18	0.52	33.24	其他松林	0.94	针叶树种
19	0.48	30.60	杨树	0.87	阔叶树种
20	0.42	41.33	铁杉、柳杉、油杉	0.89	针叶树种
21	0.80	0.42	热带雨林	0.87	阔叶树种

注：资料来源：引自（Fang 等，2001）；生物量转换因子计算公式为：$B=aV+b$，其中 B 为单位面积生物量，V 为单位面积蓄积量，a、b 为常数；表中 R^2 为相关系数。

表4 不同树种组单木生物量模型及参数

序号	公式	树种组	建模样本数	模型参数	
				a	b
1	$B/V=a\,(D^2H)^b$	杉木类	50	0.788432	−0.069959
2	$B/V=a\,(D^2H)^b$	马尾松	51	0.343589	0.058413
3	$B/V=a\,(D^2H)^b$	南方阔叶类	54	0.889290	−0.013555

(续)

序号	公式	树种组	建模样本数	模型参数 a	模型参数 b
4	$B/V=a(D^2H)^b$	红松	23	0.390374	0.017299
5	$B/V=a(D^2H)^b$	云冷杉	51	0.844234	−0.060296
6	$B/V=a(D^2H)^b$	落叶松	99	1.121615	−0.087122
7	$B/V=a(D^2H)^b$	胡桃楸、黄波罗	42	0.920996	−0.064294
8	$B/V=a(D^2H)^b$	硬阔叶类	51	0.834279	−0.017832
9	$B/V=a(D^2H)^b$	软阔叶类	29	0.471235	0.018332

注：资料来源：引自（李海奎和雷渊才，2010）。

表5　秦皇岛市国有林场森林生态系统服务评估社会公共数据

编号	名称	单位	2018价格	来源及依据
1	水库建设单位库容投资	元/吨	10.28	根据1993—1999年《中国水利年鉴》平均水库库容造价为2.17元/吨，国家统计局公布的2012年原材料、燃料、动力类价格指数为3.725，即得到2012年单位库容造价为8.08元/吨，再根据贴现率转换为2018年价格
2	水的净化费用	元/吨	4.70	采用2018年秦皇岛市平均生活用水综合水价
3	挖取单位体积土方费用	元/立方米	126.00	根据2002年黄河水利出版社出版《中华人民共和国水利部水利建筑工程预算定额》（上册）中人工挖土方Ⅰ和Ⅱ类土类每100立方米需42工时，根据秦皇岛市人工费平均价格，按每个人工300元/天计算
4	磷酸二铵含氮量	%	14.00	化肥产品说明
5	磷酸二铵含磷量	%	15.01	化肥产品说明
6	氯化钾含钾量	%	50.00	化肥产品说明
7	磷酸二铵化肥价格	元/吨	2500.00	根据农化招商网（http://www.1988.tv/news/159985）和秦皇岛市2018年磷酸二铵平均市场价格获得
8	氯化钾化肥价格	元/吨	2300.00	根据中国化肥网（http://www.fert.cn）和秦皇岛市2018年氯化钾平均价格
9	有机质价格	元/吨	880.00	根据中国供应商网（http://www.ampcn.com）和秦皇岛市2018年颗粒有机肥的平均价格
10	固碳价格	元/吨	1083.79	根据权重当量平衡原理，采用2013年瑞典碳税价格：136美元/吨二氧化碳，人民币兑美元汇率按照2013年平均汇率6.2897计算，贴现至2018年
11	制造氧气价格	元/吨	1548.36	采用2018年中华人民共和国国家卫生健康委员会（http://www.nhc.gov.cn）网站氧气平均价格和河北省医用氧气的平均价格得到

（续）

编号	名称	单位	2018价格	来源及依据
12	负离子生产费用	元/10^{18}个	10.60	根据企业生产的适用范围30平方米（房间高3米）、功率为6瓦、负离子浓度1000000个/立方米、使用寿命为10年、价格每个65元的KLD-2000型负离子发生器而推断获得，其中负离子寿命为10分钟；根据秦皇岛市物价局官方网站电网销售电价，居民生活用电现行价格为0.52元/千瓦时
13	二氧化硫治理费用	元/千克	5.05	根据第十二届全国人大常务委员会通过的《中华人民共和国环境保护税法》大气污染物当量值中二氧化硫、氮氧化物和氟化物污染当量值和河北省人大通过的应税污染物应税额度计算得到
14	氟化物治理费用	元/千克	5.52	
15	氮氧化物治理费用	元/千克	5.05	
16	降尘清理费用	元/千克	1.20	根据第十二届全国人大常务委员会通过的《中华人民共和国环境保护税法》大气污染物当量值中一般性粉尘当量值和河北省人大通过的应税污染物应税额度得到
17	PM_{10}清理费用	元/千克	8.14	根据第十二届全国人大常务委员会通过的《中华人民共和国环境保护税法》大气污染物当量值中炭黑尘污染当量值和河北省人大通过的应税污染物应税额度得到
18	$PM_{2.5}$清理费用	元/千克	8.14	
19	生物多样性保护价值	元/（公顷·年）	—	根据Shannon-Wiener指数计算生物多样性保护价值，即：Shannon-Wiener指数<1时，$S_{生}$为3000元/（公顷·年）；1≤Shannon-Wiener指数<2，$S_{生}$为5000元/（公顷·年）；2≤Shannon-Wiener指数<3，$S_{生}$为10000元/（公顷·年）；3≤Shannon-Wiener指数<4，$S_{生}$为20000元/（公顷·年）；4≤Shannon-Wiener指数<5，$S_{生}$为30000元/（公顷·年）；5≤Shannon-Wiener指数<6，$S_{生}$为40000元/（公顷·年）；Shannon-Wiener指数≥6时，$S_{生}$为50000元/（公顷·年）

"中国山水林田湖草生态产品监测评估及绿色核算"系列丛书目录*

1. 安徽省森林生态连清与生态系统服务研究，出版时间：2016年3月
2. 吉林省森林生态连清与生态系统服务研究，出版时间：2016年7月
3. 黑龙江省森林生态连清与生态系统服务研究，出版时间：2016年12月
4. 上海市森林生态连清体系监测布局与网络建设研究，出版时间：2016年12月
5. 山东省济南市森林与湿地生态系统服务功能研究，出版时间：2017年3月
6. 吉林省白石山林业局森林生态系统服务功能研究，出版时间：2017年6月
7. 宁夏贺兰山国家级自然保护区森林生态系统服务功能评估，出版时间：2017年7月
8. 陕西省森林与湿地生态系统治污减霾功能研究，出版时间：2018年1月
9. 上海市森林生态连清与生态系统服务研究，出版时间：2018年3月
10. 辽宁省生态公益林资源现状及生态系统服务功能研究，出版时间：2018年10月
11. 森林生态学方法论，出版时间：2018年12月
12. 内蒙古呼伦贝尔市森林生态系统服务功能及价值研究，出版时间：2019年7月
13. 山西省森林生态连清与生态系统服务功能研究，出版时间：2019年7月
14. 山西省直国有林森林生态系统服务功能研究，出版时间：2019年7月
15. 内蒙古大兴安岭重点国有林管理局森林与湿地生态系统服务功能研究与价值评估，出版时间：2020年4月
16. 山东省淄博市原山林场森林生态系统服务功能及价值研究，出版时间：2020年4月
17. 广东省林业生态连清体系网络布局与监测实践，出版时间：2020年6月
18. 森林氧吧监测与生态康养研究——以黑河五大连池风景区为例，出版时间：2020年7月
19. 辽宁省森林、湿地、草地生态系统服务功能评估，出版时间：2020年7月
20. 贵州省森林生态连清监测网络构建与生态系统服务功能研究，出版时间：2020年12月

* 本套丛书中1~20种原丛书名为"中国森林生态系统连续观测与清查及绿色核算"系列丛书

21. 云南省林草资源生态连清体系监测布局与建设规划，出版时间：2021年8月

22. 云南省昆明市海口林场森林生态系统服务功能研究，出版时间：2021年9月

23. "互联网＋生态站"：理论创新与跨界实践，出版时间：2021年11月

24. 东北地区森林生态连清技术理论与实践，出版时间：2021年11月

25. 天然林保护修复生态监测区划和布局研究，出版时间：2022年2月

26. 湖南省森林生态系统服务功能研究，出版时间：2022年4月

27. 国家退耕还林工程生态监测区划和布局研究，出版时间：2022年5月

28. 河北省秦皇岛市森林生态产品绿色核算与碳中和评估，出版时间：2022年6月